U0335996

《西湖寻梅》编辑委员会

西湖寻梅

政协杭州市西湖区委员会 编

图书在版编目(CIP)数据

西湖寻梅 / 政协杭州市西湖区委员会编. — 杭州：浙江人民出版社，2009.1
ISBN 978-7-213-03956-0

Ⅰ. 西… Ⅱ. 政… Ⅲ. ①梅-简介-杭州市②西湖-历史 Ⅳ. S685.17，K928.43

中国版本图书馆 CIP 数据核字(2009)第 003657 号

书　　名	**西湖寻梅**
作　　者	政协杭州市西湖区委员会　编 尹晓宁等　执笔
出版发行	浙江人民出版社 杭州市体育场路347号 市场部电话：(0571)85061682　85176516
责任编辑	周为军
封面设计	鞠　磊
电脑制版	杭州兴邦电子印务有限公司
印　　刷	杭州富春印务有限公司
开　　本	787×1092毫米　1/16
印　　张	16.25
字　　数	22万
插　　页	2
版　　次	2009年1月第1版·第1次印刷
书　　号	ISBN 978-7-213-03956-0
定　　价	38.00元

序言

咏梅、话梅是中国文人墨客千年吟咏不绝的主题。林和靖写下了“疏影横斜水清浅,暗香浮动月黄昏”的千古绝唱;陆游留下了“无意苦争春,一任群芳妒”的旷世佳作;毛泽东的一句“待到山花烂漫时,她在丛中笑”,生动地刻画了新时代革命者的操守与傲骨;而范成大的《梅谱》是我国最早的一部梅花专著,宋伯仁的《梅花喜神谱》、张鎡的《玉照堂梅品》等咏梅名篇也流传至今。

唐宋以降,西湖周围逐渐形成了孤山、灵峰、西溪三大赏梅胜地。孤山梅花成名于唐代,始见于白居易的题咏,而北宋林和靖一段“梅妻鹤子”佳话更使孤山声名远播,西湖梅花成为高洁隐士的美好象征。南宋至今,孤山种梅、补梅活动承继千载,赏梅、咏梅风雅传统历久弥新。“灵峰探梅”始于清道光年间,文人墨客纷纷来此雅集宴饮、赋诗作画。《灵峰探梅图》、《灵峰补梅图》等名画就记录了当时的赏梅盛况。灵峰梅花几经兴衰、传承至今,经二十世纪八十年代补充扩建后,灵峰探梅景区成为驰名中外的赏梅胜地。西溪梅花始盛于宋代,以福胜寺和沿辇道一线最富声名。明清之际,西溪梅花从法华山向河渚一带转移,赏梅路线由取山路变为取水路,曲水寻梅别有情趣。西溪梅花自清代中叶后逐渐沉寂,民国时期几近绝迹。迈入新世纪,西溪湿地综合保护工程恢复梅竹山庄、西溪梅墅等赏梅景点,数万株梅花重归西溪故里,西溪梅花重现昔日胜景。

寻梅者，寻美也。在杭州人心目中，梅即美的化身。围绕打造“全国最美丽城区”的奋斗目标，西湖区政协组织编写了《西湖寻梅》一书，以西湖梅花历史变迁为时空背景，以“人与梅”的故事小品为叙述线索，展现西湖梅花源远流长的历史文化，诠释西湖梅花优雅、淡定的审美意境，剖析西湖赏梅、咏梅文化的丰富内涵，对于激励当代杭州人传承优秀文化传统，弘扬新时代“杭铁头”精神，积极投身共建共享与世界名城相媲美的“生活品质之城”的生动实践，必将产生积极而深远的影响。

是为序。

中共浙江省委常委
中共杭州市委书记
杭州市人大常委会主任

2008年12月31日

导言

杭州人自古就有爱梅传统,对梅花怀有深厚感情,梅花精神也深刻地影响着杭州人的文化性格,说杭州人有一种梅花情结似乎并不为过。这片人间花柳繁盛之地从来不缺少嘉木名卉,春桃、夏荷、秋桂、冬梅,似乎都有说不完的故事,但相比之下梅花被赋予的意义更多。

我们西湖周围自唐以来逐渐形成了孤山、西溪、灵峰三大闻名全国的赏梅胜地,可以说与梅花有着不解之缘。对于杭州这样的一座历史文化名城而言,历史和文化就是价值,不知道历史,不理解文化,就不知道价值之所在。西湖梅花有着深厚的历史文化积淀,美丽之中又显深沉,惹人追思,它已经成为一个文化符号,承载着大量文化信息。

关于梅花的典故很多,被用得最多的要数庾岭和孤山。罗浮春梦毕竟有些虚幻,而孤山处士倒是实的。自北宋初年林和靖结庐孤山,并植梅于此,写下千古名句"疏影横斜水清浅,暗香浮动月黄昏"以来,他便成了梅花的象征,孤山也就成了爱梅人心中的圣地。林和靖,时人仰之如高山瀑泉,高者谓其境界,山者谓其隐逸,瀑者谓其飘洒,泉者谓其甘洌可人。据说他以梅为妻,以鹤为子,这种有些不食人间烟火的创举不知"清"倒了古往今来的多少士人。所以,明代文学家袁宏道不无嫉妒地说林和靖是"世间第一种便宜人。"正因为林和靖成了梅花的象征,所以梅花也就有了隐士的意味。明人高启的名句"雪满山中高士卧,月明林下美人来"的前一句会让人想起林和靖,后一句则让人想起他的“疏影”一联。山中高士和月下美人，是梅花带给人的两种意象。

梅之所以为梅，是因为梅有“梅格”。按照程杰教授的观点，第一个提出“梅格”的人是苏东坡，他以“孤瘦霜雪姿”来区别梅与桃花、杏花，梅之傲岸风骨开始被人领悟。“雪虐风号愈凛然，花中气节最高坚，过时自会飘零去，耻向东君更乞怜。”这是陆游笔下的梅花，不同于他在《卜算子·咏梅》中所写的那株有些自怜的梅。这株梅高傲，富有气节，给人留下深刻印象。不仅是因为梅花的美丽、梅香的醉人、梅骨的清奇，而且因为梅性的高洁，越来越多的人开始喜爱梅，他们在梅的身上看到了自己的理想人格，并通过梅花获得这种理想人格的激励。咏梅、画梅的人也越来越多。

杭州历代不乏种梅补梅之人。孤山在杭州爱梅人的心里有着崇高的地位，林和靖是杭州爱梅人的象征。自从林和靖仙去之后，重修处士墓及相关建筑、在孤山补种梅花的行为历代都未停止。先是绍兴十六年，高宗建四圣延祥观于孤山，尽徙院刹及士民之墓，独处士墓，诏勿徙。元初，处士墓遭杨琏真伽破坏，后有陈子安建放鹤亭，又有浙江儒学提举余谦修墓补梅、李祁重建巢居阁。入明后，有佥事杭淮、钱塘令王钺、崔使君等先后重建放鹤亭，钱塘令赵渊、工部主事龚沆、员外郎韩绅先后重筑梅轩，杭守胡濬重修处士墓，又有司礼太监孙隆及张鼐、张岱等人的补梅。入清以来，曾有多次修复孤山人文景观的行动。顺治时，督学谷应泰、布政张缙彦修复放鹤亭。康熙十一年，巡抚范承谟移亭墓侧。三十五年，织造敖福合、员外宋骏业，复移亭于右，别建一亭，供御书《舞鹤赋》于中，又建巢居阁、梅轩，开池、叠石、筑桥，极其宏丽。又有杭守李铎修和靖墓，重建四贤祠，雍正年间，朱伦瀚又重修林逋墓，同时补种了数十株梅。清后期，又有林则徐、许乃谷、林启孤山补梅。进入民国，当时的工程局也在孤山进行了补梅。解放后，在放鹤亭、孤山东面平地、北麓山坡、中山纪念亭坡地、西泠印社等地都不断充实梅花，维系着孤山梅花的风雅。

孤山梅花的不断补种，是杭州人梅花情结的最好体现，但这也从一个侧面反映了由于环境的变化，孤山梅花已不易存活。自明代中叶开始，孤山的梅花便不再孤独，杭州的另一赏梅胜地——西溪突然崛起了。西溪虽自宋代起，便有福胜梅花之目，南宋辇道所经之处也以梅花闻名，但西溪一带出现大片梅林则是在明清之际，土著居民、寺院僧侣以及士大夫们是种梅的主力，遂使西溪有"十八里香雪"，成为当时全国三大产梅地之一。西溪梅在明代以林麓梅为主，赏梅人多取山路；明末清初，这里的梅花发生了由法华山一带向河渚的转移，河渚梅花遂盛，赏梅人多取水路而来，其情味大异于林麓赏梅。西溪环境幽古，民风淳朴，老竹参天，长松蔽日，成为很多士人隐居和躲避战乱的好去处，因此吟咏西溪梅花的文学作品很多，为西溪梅花增添了不少文人气。但是自清中叶以后，西溪梅花逐渐没落，乃至消失，西溪独以秋雪为盛。西溪梅花获得重生只是最近几年的事。2003年8月，西湖区西溪湿地综合保护工程指挥部正式成立，随着一、二期工程的展开，数万株各类梅花重归西溪，往日以梅花闻名的西溪梅墅、西溪草堂、梅竹山庄、曲水寻梅等景观又得到了恢复。西溪梅花在沉寂了二百年之后，又苏醒过来。

今天杭州人赏梅的最主要去处是灵峰。灵峰探梅之目出现在清道光年间，是西湖三大赏梅胜地中出现最晚的一个。当时固庆承父志重修灵峰寺，并在此植梅百株，数年后蔚然成林。咸丰年间，这里有一次雅集，陆小石邀朋辈十八人探梅于此，由杨蕉隐绘《灵峰探梅图》以记其盛。后来，这片梅林被太平军焚毁，但这幅《灵峰探梅图》却保存了下来。几十年后，周庆云来到此地，见到这幅画之后，遂有补梅之意。宣统元年，他便在灵峰寺外至半山一带补梅三百本，并在寺内增设了部分设施。后来，他又仿当年陆小石等人情状邀朋友在此宴饮赏梅，并绘《灵峰补梅图》，此图现存浙江省博物馆。周庆云补种的梅花在民国初年尚且完好，但抗战爆发后，寺毁僧散，此地梅花因无人料理而再次衰落。新中国成立后，灵峰的梅花一度恢复，但因管理不善，不久又消失。直至1986年杭州市政府决定投资建设恢复灵峰探梅景区，使之成为植物园各种专类园之一——梅花专类园，灵峰梅花才再次复兴。1988年，灵峰探梅景区正式对外开放，后经不断补充扩建，已有五六千株各种梅花在这里培育种植，规模之大已非昔日可比。

西湖三大赏梅胜地的历史大抵如此。其实，古往今来西湖爱梅人的故事远非这种枯燥的描述所能展现。即便这本小书，也远不能穷尽发生在西湖边有关梅花的故事。我们所写的大多都是历史上著名的爱梅人，但我们深知，更多感人的故事其实发生在普通人身上，只不过未能见诸典籍而已。这也正是我们在书稿最后写了现在几位普通爱梅人故事的原因。据杭州植物园胡中先生说，他们那里每年第一朵梅花开放都是市民发现并报告的，灵峰梅花开放之时，如果碰到双休日，来探梅的游客会达到四万人次之多。可见梅花在杭州是多么深入人心，梅花精神有多么深厚的土壤。

西湖寻梅，寻梅者，寻美也。在国人心目中，梅即是美的化身。今天，西湖区委、区政府提出打造“全国最美丽城区”的奋斗目标，西湖区政协组织编写这本《西湖寻梅》适逢其时也。自林和靖隐居孤山至今，差不多整整一千年了，古人早用大量的诗文将梅和美融在了一起。千年以来，先后形成的西湖三大赏梅胜地从未并盛，随着近年来西溪梅花的复兴，这一旷古未有之盛况终于出现。这也算我们以自己的行动对梅——美的追寻和寄托吧！

杭州市西湖区政协主席

2009年1月1日

目 录

第一章

故作小红桃杏色 尚余孤瘦雪霜姿

——唐、宋、元代西湖寻梅

梅之见于典籍已有数千年历史。《书经·说命》中有:“若作和羹,尔惟盐梅。”以盐梅并举,说明远在商代梅之酸已在调和鼎镬滋味中起了重要作用。《周礼·天官下》云:“馈食之笾,其实枣、栗、桃、干藤、榛实。”所谓“干藤”者,便是干梅。此时,梅已是重要的食品。梅之见于文学作品,也是在周代。《诗经·召南》中有一首《摽有梅》云:“摽有梅,其实七兮! 求我庶士,迨其吉兮! ……”男女之情,朴野之真,古风之醇,令人颇生感慨。然而,梅似乎并未作为观赏之花而为人所珍重,即便屈原《楚辞》之中涉及了如此之多的江南嘉木芳草,也没有提及梅花。

据《西京杂记》,西汉武帝修建上林苑时,便引入了数种珍稀梅树以供玩赏。这似乎是梅作为观赏植物之始。魏晋南北朝时期,咏梅之诗渐多,“梅于是时始以花闻天下”[①]。“折梅逢驿使,寄与陇头人。江南无所有,聊赠一枝春。”这首南朝宋陆凯的诗写得如此动人,梅终于可以寄托情怀了。不过,此时梅花的地位并未彻底改善,梁吴均《梅花诗》甚至说“梅性本轻荡,世人相凌贱。故作负霜花,欲使绮罗见”。说梅为世人轻贱,负雪而开,只是为了讨好富贵人家。至唐代,爱梅人渐渐多起来,宋璟之赋、杜甫之诗都丰富了人们对梅花的认识。也正是此时,西湖的梅花也烂漫登场,开始为名公所品鉴。杭州于是成为全国最重要的赏梅中心之一。

我们西湖寻梅便从唐代开始。

---

① 杨万里:《洮湖和梅诗序》,《诚斋集》卷八〇。

第一节　白居易与西湖梅花

白居易像

钱塘之风雅,西湖名声之鹊起,离不开三年守杭的白居易刺史。这位白刺史结缘杭州,是在他的少年时代,当时他为了躲避战乱漂泊至此。那时候的杭州刺史是房孺复,此人颇以风雅闻名。在白居易的心中,江南是个令人向往的地方,“异日苏、杭,苟获一郡,足矣!”结果长庆二年(822),五十一岁的他终于来到了杭州。

白居易虽说向往江南,但此次南来却也有些不得已。因为他与挚友宰相元稹在有关裴度兵权的问题上发生了激烈的冲突,为了远离政治是非,他才申请去做地方官。这位大诗人在政治上的失落,对杭州来说倒是一个福音,对他本人来说也未必是坏事。在杭州刺史任内,他孤山听雨,西湖品茗,月下寻桂,枕上看潮,参玄访道,探古寻幽,情动于衷,则形诸歌咏。他的诗歌为湖山增色,也使杭州和西湖声名远播。西湖的梅花也借白乐天的神来之笔初为人识。

白居易正式接到诏命是在长庆二年七月,而到达杭州时已是深秋十月。此时百花皆已凋零,湖山日渐沉寂,白居易闷闷地度过了他守杭的第一个冬天。次年春早，公干之余的白居易忽然在吴山之下伍相庙前发现萧瑟的枝丫中梅星点点，寒风送来的一缕梅香让他意识到春天已然来临。这位爱花的诗人熬过了数月无花可观的漫长冬日，终于等来了早发的梅花，这令他兴奋不已。于是立即派人用自己的白马将诗友薛景文他们请来，又差人唤沈、谢两位官妓来花前歌舞助兴。于此良辰美景，赏心乐事，既有佳人佳客，怎可无酒无诗？于是他们醉饮花前，薛景文即席作诗一首，白居易随即和曰：

忽惊林下发寒梅，便试花前饮冷杯。

白马走迎诗客去，红筵铺待舞人来。

歌声怨处微微落，酒气醺时旋旋开。

若到岁寒无雨雪，犹应醉得两三回。[①]

这是他第一首描写杭州赏梅之事的诗，颈联如神来之笔，尤为人所称道。数日后，梅花大盛，他又有一首《二月五日花下作》云：

二月五日花如雪，五十二人头似霜。

闻有酒时须笑乐，不关身事莫思量。

羲和趁日沉西海，鬼伯趋人葬北邙。

只有且来花下醉，从人笑道老颠狂。[②]

"乐天知命故无忧"，白乐天真的无忧了吗？从诗中可以看出，他醉倒花下的癫狂之举，其实正是在逃避内心深处时时袭来的隐忧。

又是一年春来早，白居易与友人走马湖滨，探寻去年吴山之下玩赏的梅花。一样的梅花，一样的歌咏，一样的情思，似乎万事依旧，但去年一同赏梅的薛景文已经病逝，真是世事无常，岁月不留人。一念及此，白居易不由心头一沉，遂作诗一首，以寄感怀：

马上同携今日杯，湖边共觅去年梅。

年年只是人空老，处处何曾花不开？

诗思又牵吟咏发，酒酣闲唤管弦来。

樽前百事皆依旧，点检惟无薛秀才。[③]

---

① 《和薛秀才寻梅花同饮见赠》，《白氏长庆集》卷二〇。

② 《二月五日花下作》，《白氏长庆集》卷二〇。

③ 《与诸客携酒寻去年梅花有感》，《白氏长庆集》卷二〇。

离开杭州之后，这一切都成了这位多情诗人梦幻般的回忆，他的不少诗歌都流露出对此地湖山的无限眷恋。其中便有一首是他离开杭州不久写的怀念在杭州赏梅的诗：

三年闲闷在余杭，曾与梅花醉几场。
伍相庙边繁似雪，孤山园里丽如妆。
蹋随游骑心长惜，折赠佳人手亦香。
赏自初开直至落，欢因小饮便成狂。
薛刘相次埋新垄，沈谢双飞出故乡。
歌伴酒徒零散尽，唯残头白老萧郎。①

这首诗是在他离开杭州后写给当时一起赏梅的好友萧协律的，也就是诗中的“头白老萧郎”。从诗里可以看出他对杭州梅园雅集的眷恋，以及对薛景文等两位逝去诗友和沈谢两位歌妓的怀念。当时，吴山子胥庙前有繁茂的白梅，花开时节，一望如雪；孤山寺之内有几株姿态奇逸的红梅，花开点点，如初妆的美人。吴山的白梅以规模胜，而孤山的红梅则以单株品质胜。白刺

红梅（胡江列摄）

① 《忆杭州梅花因叙旧游寄萧协律》，《白氏长庆集》卷二三。

史常于早春花季携诗友在此二处赏梅，乃至后来任职苏州时仍对杭州赏梅念念不忘。他有一首《故衫》诗，写得尤为感人：

暗淡绯衫称老身，半披半曳出朱门。
袖中吴郡新诗本，襟上杭州旧酒痕。
残色过梅看向尽，故香因洗嗅犹存。
曾经烂漫三年著，欲弃空箱似少恩。

一件在杭州时穿着的旧衣衫上面还保留有当年的酒渍；仔细闻一闻，似乎仍带有当时赏梅时袭上身来的梅香。他竟然不忍心弃之于空箱之内了。由于怀念杭州的梅花，白居易在苏州时还在小池之畔种了七株梅；[①]还有一次他坠马受伤，行动都已不便，因怕误了花期，让人搀扶着出来赏梅。其爱梅之心由此可见。

白居易虽然爱梅，但他那个时代对梅花精神内涵的挖掘尚显不足。“年年只是人空老，处处何曾花不开？”物是人非，年华易老，仍是梅开时节诗人最容易被触发的联想。如果我们将白居易有关杭州赏梅的几首诗与初唐诗人刘希夷的《代悲白头翁》相比较，就会发现白居易赏梅的方式和梅花飘零给他带来的联想与唐时洛阳子弟玩赏桃李何其相似。

“公子王孙芳树下，清歌妙舞落花前”，“年年岁岁花相似，岁岁年年人不同”。赏桃李如此，品梅花也无不同。与春桃、夏荷、秋桂等时令花卉相比，梅之特性似仅得一“早”字：

灼灼早春梅，东南枝最早。持来玩未足，花向手中老。
芳香销掌握，怅望生怀抱。岂无后开花，念此先开好。[②]

梅似乎还有几分幽怨，似乎担心被人遗忘。而到了北宋，梅已变成了孤高隐逸与傲岸风骨的象征，梅的内在品性被不断挖掘和充实，人们也在梅花这里获得砥砺和共鸣。梅花开始进入其发展史上的第一个高峰时期。

---

① 参见白居易《新栽梅》，《白氏长庆集》卷二四。

② 《寄情》，《白氏长庆集》卷二二。

第二节　北宋时期西湖寻梅

吴越国之纳土归宋，使得杭州城免于五代末年生灵涂炭。因未受刀兵之祸、饥馑之灾，此地遂保有东南一隅繁华，“其民幸富完安乐”，“邑屋华丽，盖十余万家。环以湖山，左右映带。而闽商海贾，风帆浪舶，出入于江涛浩渺、烟云雾霭之间，可谓盛矣”。[①]此“盛”非止“盛极一时”，而是“盛”贯两宋，绵延数百载。如前所言，杭州的梅花正是在此时迎来了第一个发展高峰，亦“可谓盛矣”。

一、隐逸林和靖

所谓“人标物异，物借人灵”。若非林和靖，孤山的梅花恐怕不会那么有名，所以谈及杭州的梅花，最绕不过去的一位便是宋初诗人林和靖。

林和靖(967—1028)本名林逋，字君复，钱塘人。“和靖”是宋仁宗给他的谥号。此人结庐于杭州城外西湖之中的孤山，禀性恬淡好古，不喜繁华，也不以功名为念，每日只以种花养鹤、酌酒吟诗为乐，倒是神仙一流的人物。林和靖素称隐逸，在我看来，他更应属闲逸之人。世间隐者，怀瑾握瑜，因不喜声名外传，常将自己的痕迹消磨得干干净净，遁世而无闻，虽寄居尘世之内，却与尘世了不相干。而林和靖却留了一个“尾巴”，守着这一片漂亮的湖山，整日艺梅放鹤，吟咏其间，如何隐得住？所以林和靖实在是个闲雅飘逸之人，而非纯粹的隐者。如果林和靖真的隐了，那孤山恐怕会真的有些孤单了。

① 欧阳修:《有美堂记》。

据《宋史》卷四五七《林和靖传》，林和靖“少孤力学，不为章句”，“初，放游江淮间，久之归杭州，结庐西湖之孤山，二十年足不及城市”。林和靖终年六十一岁，隐居二十年，可见他应该在四十岁前后开始其隐居生活，此前的他倒像是一位江湖豪客，所以有人说他“微邻于侠”[①]。又据梅尧臣《林和靖先生诗集序》：“天圣中，闻钱塘西湖之上，有林君崭崭有声。若高峰瀑泉，望之可爱，即之愈清，挹之甘洁而不厌也”；又说“君在咸平、景德间，已大有闻。会朝廷修封禅，未及诏聘，故终老而不得施用于时”。可见，在三十多岁游走江湖的时候，林和靖已经有些名气，从他的诗集中可以看出他曾在历阳结过一个诗社，所谓“已大有闻”恐怕是指他的诗名。梅尧臣结识林和靖是在天圣年间，根据他的描述，林和靖如“高峰瀑泉”，仰之弥高，风姿飘洒，源源不绝，即之甘洁而不厌也，实在是清气逼人，凉彻肌骨。

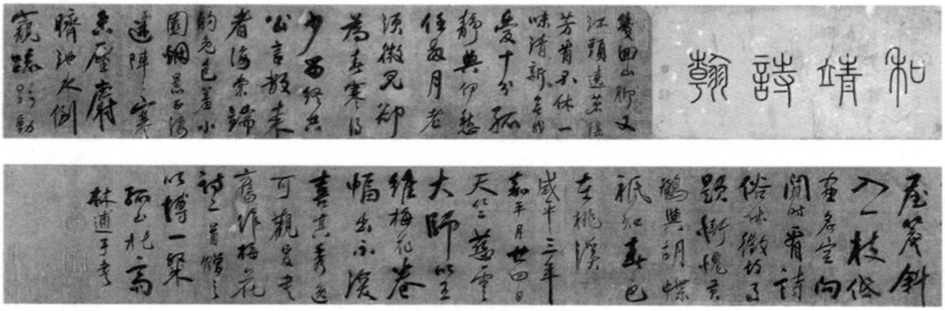

林和靖手迹(一)

一个隐士如何会“崭崭有声”，使得“真宗闻其名，赐粟帛，诏长吏岁时劳问。薛映、李及在杭州，每造其庐，清谈终日而去”呢？按梅尧臣的说法，林和靖首先是个诗人，“其顺物玩情为之诗，则平淡邃美，咏之令人忘百事也。其辞主乎静正，不主乎刺讥，然后知其趣向博远，寄适于诗耳”。这些诗“时人贵重甚于宝玉，先生未尝自贵也。就，辄弃之。故所存者，百无一二焉”。《宋史》中云：“逋善行书，喜为诗。其词澄浃峭特，多奇句。既就稿，随辄弃之。或谓：‘何不录以示后世？’逋曰：‘吾方晦迹林壑，且不欲以诗名一时，况后世乎！’然好事者，往往窃记之。今所传，尚三百余篇。”和靖虽不欲以诗名一时，但

① 周紫芝：《竹坡诗话》。

“好事者”却使他不得不名于后世。

林和靖若只是一位隐逸诗人，恐怕也难有这么大的名气，使他声名远播宇内，传诸后世的还有他的清高和逸举。他的清高使他足以傲视轩冕，“贵人巨公”亦不得不仰慕低回。他在《深居杂兴六首》的序言中说：

诸葛孔明、谢安石畜经济之才，虽结庐南阳，携妓东山，未尝不以平一宇内、跻致生民为意。鄙夫则不然，胸腹空洞，谫然无所存置，但能行樵坐钓，外寄心于小律诗，时或鏖兵景物。衡门情味，则倒睨二君而反有得色。凡所寓兴，辄成短篇，总曰深居杂兴六首。盖所以状林麓之幽胜，摅几格之闲旷，且非敢求声于当世，故援笔以显其事云。

我们再看这六首诗中的两首。其一：

隐居松籁细铮然，何独微之重碧鲜？
已被远峰擎巙巙，更禁初月吐娟娟。
门庭静极霖苔露，篱援凉生裛菊烟。
中有病夫披白搭，瘦行清坐咏遗篇。

其三：

薄夫何苦事奸奸，一室琴书自解颜。
峰后月明秋啸去，水边林影晚樵还。
文章敢道长于古，光景浑疑剩却闲。
多少烟霞好猿鸟，令人惆怅谢东山。

诸葛亮和谢安二人的功业尚且不被放在眼里，何况当世之人？从林和靖的诗歌看，他的隐居生活的确羡煞人，清风明月、松竹烟霞，不用一钱买，取之不尽，用之不竭，无尘劳碌碌，有琴书解颜，万物皆备，乐莫大焉。与名利场上惶惑奔走的人相比，林和靖显得一尘不染。因为少了许多人世间的挂碍，在很多士人眼中，林和靖是得了天底下第一等便宜的人。[1]

林和靖对隐居的悠闲生活由衷地喜爱，可见证于其歌咏，这让人不得不想起陶渊明。他有时也引陶渊明为同调：

石枕凉生菌阁虚，已应梅润入图书。

① 明人袁宏道《孤山小记》云：“孤山处士，妻梅子鹤，是世间第一种便宜人。”

不辞齿发多衰疾，所喜林泉有隐居。
粉竹亚梢垂薄露，翠荷差影聚游鱼。
北窗人在羲皇上，时为渊明一起予。[1]

陶渊明尝于酷暑之际卧北窗下，遇凉风暂至，自谓是羲皇上人。虽然这位不为五斗米折腰的诗人与“犹喜曾无封禅书”的林和靖诗风差异很大，但两人情味情怀颇有相通之处。

林和靖手迹（二）

林和靖的不同之处又在于他的逸举，最有名的当然属植梅畜鹤了。据说，林和靖不娶无子，以梅为妻，以鹤为子，遂有“梅妻鹤子”之称。张岱《西湖梦寻》云：“（林和靖）常畜双鹤，豢之樊中。逋每泛小艇，游湖中诸寺，有客来，童子开樊放鹤，纵入云霄，盘旋良久，逋必棹艇遄归，盖以鹤起为客至之验也。”后来，元人陈子安在孤山建放鹤亭，以为纪念。

林和靖的梅花诗独步古今，梅花成为他扬名于后世的重要元素。人言“和靖种梅三百六十余树。花既可观，实亦可售。每售实一树，以供一日之需。”[2]明人更是将林和靖种梅之事抬得很高，比如吴从先在《和靖种梅论》中说：“处士，以梅得名也，固处士之不幸。而宋事日非，已方天书造妖，朝野欢腾，君臣得意……天下脊脊多事已，处士遂洁然有孤山之志焉。今好事家，犹能指画故事，胜谈高迹云：处士有梅三百六十，尊正朔也；以三十树画一沟，分月令也；沟十二有畛，成一期也；居傍列二十有九，以置闰也。于是相其地脉，莳以调护。有弱者，培之使兹强；拂者，抑之使降。日与童子讨论根本，经理疆域。潜神于淡，得趣于幽。其见之简册者，则有花太平、蜂露布、风雨约，伐蛀书。赏花赋诗，悠悠林下。口不谈朝事，耳不干丝竹，足不履户外……

① 林逋：《夏日即事》。
② 王复礼：《孤山志》。

快辄曰：长为圣世民，久沐湖山胜。门可衡也，石可枕也，水可漱也，花可餐也，云可邀也，琴剑可友也，他干我何与哉！于是绝意仕宦，高悬日月已。呜呼！处士得矣，而朝廷何乐有处士也！使以其治梅者治天下，运童子者运百僚，佐主于太平，露布则讨叛逆，约则盟僚友，书则削奸邪，朝廷有磐石之固，江山无奔涸之虞，蚌国之奴敛迹而遁，执拗之吏望风而解，党锢之惨将冰消露释，何能贻祸于不测哉！”

放鹤亭之《舞鹤赋》

吴从先的这段议论不知是否有所本，如其所言，林和靖倒是经济之才，其置梅如治天下。但依我看，林和靖虽被称作“山中宰相”，才思超迈，俊逸不群，谈道有孔孟，论文及韩李，真若论干世之才，恐也非其所长。他种梅的动机只是因为爱梅，并以此贴补部分家用，不会那么复杂，天下也不会因为林和靖的出处有什么变化。后人以此抬高林和靖，大概也不是这位处士的愿望吧！

后世品评林和靖最多的要属他的梅花诗。他流传下来的《山园梅花》诗一共八首，《咏梅》词一首。兹录于下。其一：

众芳摇落独暄妍，占尽风情向小园。
疏影横斜水清浅，暗香浮动月黄昏。
霜禽欲下先偷眼，粉蝶如知合断魂。
幸有微吟可相狎，不须檀板共金尊。

其二：

吟怀长恨负芳时，为见梅花辄入诗。
雪后园林才半树，水边篱落忽横枝。
人怜红艳多应俗，天与清香似有私。
堪笑边军亦风味，解将声调角中吹。

其三：

翦绡零碎点酥干，向背稀稠画亦难。
日薄纵甘春至晚，霜深怯应夜来寒。
澄鲜只共邻僧惜，冷落犹嫌俗客看。
忆著江南旧行路，酒旗斜拂堕吟鞍。

其四：

数年闲作园林主，未有新诗到小梅。
摘索又开三两朵，团圞空绕百千回。
荒邻独映山初尽，晚景相禁雪欲来。
寄语清香少愁结，为君吟罢一衔杯。

其五：

小园烟景正凄迷，阵阵寒香压麝脐。
湖水倒窥疏影动，屋檐斜入一枝低。
画名空向闲时看，诗客休征故事题。
惭愧黄鹂与蝴蝶，只知春色在桃溪。

其六：

几回山脚又江头，绕著瑶芳看不休。
一味清新无我爱，十分孤静与伊愁。
任教月老须微见，却为春寒得少留。
终共公言数来者，海棠端的免包羞。

其七：

宿霭相黏冻雪残，一枝深映竹丛寒。
不辞日日旁边立，长愿年年末上看。
蕊讶粉绡裁太碎，蒂疑红蜡缀初干。
香蓊独酌聊为寿，从此群芳兴亦阑。

其八：

孤根何事在柴荆，村色仍将腊候并。
横隔片烟争向静，半黏残雪不胜清。
等闲题咏谁为愧，仔细相看似有情。
搔首寿阳千载后，可堪青草杂芳英。

《霜天晓角·咏梅》：

冰清霜洁，昨夜梅花发。甚处玉龙三弄，声摇动枝头月。梦绝金兽热，晓寒兰烬灭。要卷珠帘清赏，且莫扫阶前雪。

这些诗词中尤以第一首最为有名，此诗中又以“疏影横斜水清浅，暗香浮动月黄昏”一联为千古绝唱，历代诗话品鉴尤多。经欧阳修、司马光、苏轼等人的极力褒奖，林和靖的梅花诗便可谓独步古今，他自己也成为梅花的象征，梅花也从此具有了山中高士的形相。不过，这里需要澄清的是，林和靖并非只爱梅花，这九篇作品也只占他所有诗歌的很小的比例，所以他说“数年闲作园林主，未有新诗到小梅”，他的诗集涉及其他花草植物的也不少，“海

林和靖之墓

棠端的免包羞”,说明林和靖也很喜爱海棠。林和靖的诗作中有很多优秀作品,其价值不在梅花诗之下,但因文坛泰斗们的褒奖等原因,使他其他诗作反倒如伴月之星,隐而未彰。林和靖以梅花闻名,当在其去世以后,而林和靖在世时,他是以其绝尘的隐逸高风令世人仰慕的,梅尧臣、范仲淹等人的造访也非以梅花之故。林和靖之所以成为梅花的象征,与其说是林和靖的原因,不如说是林和靖的隐逸孤高、风姿秀雅暗合了后世人内心深处对梅花的某种意向性认知,人们便将林和靖的品性赋予了梅,梅也因此有了象征意义。

由于林和靖的原因,孤山成为梅花的胜地,历代营建、补梅之举不断,积淀为孤山独特的人文景观。围绕林和靖与孤山梅的题咏极多,兹录宋人诗作数首于下:

范仲淹《同沈书记访林处士和韵》:

山中宰相下岩扃,静接游人笑傲行。
碧嶂浅深骄晚翠,白云舒卷看春晴。
烟潭吾爱鱼方乐,樵爨谁欺雁不鸣。
莫道隐居同德少,樽前长挹圣贤清。

梅尧臣《对雪忆往岁访林君复》之一:

昔乘野艇西湖上,泊岸去寻高士初。
折竹压篱曾碍过,却穿松下到茅庐。

苏轼《书林和靖诗后》:

吴侬生长湖山曲,呼吸湖光饮山渌。
不论世外隐君子,市儿俚妇皆冰玉。
先生可是绝伦人,神清骨冷无尘俗。
我不识君曾梦见,瞳子了然光可烛。
遗篇妙字处处有,步绕西湖看不足。
诗如东野不言寒,书似西台差少肉。
平生高节已难继,将死微言犹可录。
自言不作封禅书,更肯悲吟白头曲。
我笑吴人不好事,好作祠堂傍修竹。

不然配食水仙王,一盏寒泉荐秋菊。

王十朋《腊日与守约赏梅孤山》:

西湖处士安在哉,湖山如旧梅花开。
见花如见处士面,神清骨冷无纤埃。
不将时节较早晚,风味自是花中魁。
暗香和月入佳句,压尽古今无诗才。
武林深处景益胜,十里眼界多琼瑰。
北枝贪睡南枝醒,杖履得得搀先来。
旅中兹游殊不恶,况有佳友衔清杯。
手折林间一枝雪,头上带得新春回。

杨万里《同岳大用甫抚干雪后游西湖。早饭显明寺,步至四圣观访林和靖故居。观鹤听琴,得二绝句。时去除夕二日》。其一:

紫陌微干未放尘,青鞋不惜涴泥痕。
春风已入寒蒲节,残雪犹依古柳根。

其二:

道堂高绝俯空明,上下跻攀取意行。
净阁虚廊人寂寂,鹤声断处忽琴声。

明人对林和靖的景仰较之宋人有过之而无不及,题咏尤多。这里选孙一元《登孤山拜和靖处士墓》诗二首。其一:

向晚南屏路,相携上钓舲。山根晴亦湿,湖面夜难昏。
月色留吹笛,鸥群避洗樽。来寻林处士,地下有知音。

其二:

我识林居士,角巾老不妨。篇章余琬琰,山水借声光。
老鹤迎人立,疏梅作意香。谁言倚修竹,配食水仙王。

孙一元(1484—1520),字太初,陕西人,因辞家人太白山,故号太白山人。此人在明代比较有名,据说他遍游名山大川,颇有些仙风道骨。据蒋一葵《尧山堂外记》卷九四记载:孙太初与殷近夫泛舟西湖,太初戴华阳巾,被高士服,把酒四望,谓近夫曰:"昔青莲居士李白与尚书郎张谓泛沔州南湖,因改为郎官湖。今日予与子游,颇追迹前事,西湖因可为高士湖矣。"可见其人自视之高。从前面的两首诗看,孙一元也很仰慕林和靖,视林为知音。在隐居西湖的时候,他仿林和靖妻梅子鹤。后来,他迁居湖州,与刘麟、陆昆等五人结了诗社,号称“苕溪五隐”,但与隐居孤山时不同,他刚到湖州便连娶二妇。有士人调侃他说:“仆从西湖来,有尊眷二人谯兄。”孙问:“何人?”其人故意不答,孙追问不已,士人答曰:“是梅令眷、鹤令郎耳。”弄得这位孙太初窘迫难当。可见林和靖是不易学的,过于着迹,未免效颦之讥。

林和靖之于梅,有似陶渊明之于菊。陶渊明“采菊东篱下,悠然见南山”一句,成就了菊;而林和靖“疏影横斜水清浅,暗香浮动月黄昏”一句,则成就了梅。人们爱其所爱,将对林和靖的景仰移情于梅。“探梅”、“赏梅”从此多少带有了寻访高士的意趣。没有林和靖,孤山之梅便不会如此有名。林和靖有功于孤山、有功于梅花多矣。有了林和靖,西湖中的这一土丘,便开始承载着大量的文化符号。

诚如梅尧臣所说,林和靖如“高峰瀑泉”,但他又非不食人间烟火之人。我们用他的《长相思·惜别》来结束这一段文字:

吴山青,越山青,两岸青山相送迎,谁知离别情。

君泪盈,妾泪盈,罗带同心结未成,江头潮已平。

二、风雅苏东坡

对西湖的梅花产生了重大影响的人除了林和靖,还有苏东坡。苏东坡也是一位爱梅人。在他的诗集中,以梅为题的就有近四十首,占他全部咏花诗的一半还多,而其中有关杭州梅花的诗则占他所有梅花诗的一半还多。苏东坡生于林和靖去世八年后(1036),而他首次任职杭州是在神宗熙宁四年(1071)做通判;第二次则是在哲宗元祐四年(1089)任杭州太守。由于政绩卓著加之文采风流,这位苏公在杭州的名气显然比林和靖更大些,但若论梅,东坡居士恐怕也要甘拜下风。林和靖已经成为后代咏梅人无法绕过的一个符号。

虽说如此,林和靖的声名远播,也离不开苏东坡等人的极力维护和褒奖。前文言及“疏影”一联历来以为咏梅绝唱,欧阳修云:“评诗者谓,前世咏

梅者多矣，未有此句也……自逋之卒，湖山寂寥，未有继者。”[①]司马光《续诗话》也认为此联“曲尽梅之体态”。但当时也有颇不以为然者，比如王诜（晋卿）。

苏轼像

王晋卿出身贵族，家中富藏历代法书名画，也是当时比较有名气的词人，和苏东坡、孙巨源等人是唱和往来的好友。一次在扬州时，苏王二人就林和靖“疏影”一联展开辩论。王晋卿认为，林和靖“疏影”二句咏杏与桃李皆可，未必专写梅。苏东坡回应说，“可则可，但恐杏桃李不敢承当耳”[②]，引来一座大笑。

在当时，很多北方人并不了解梅花，分不清梅花与桃花、杏花、李花的区别。比如石曼卿（延年）的《红梅》诗：“认桃无绿叶，辨杏有青枝”[③]，竟然用这种笨拙可笑的方法辨别梅与桃杏。苏东坡认为此诗“至陋”，根本未见梅的神采，遂以诗讥诮道：“诗老不知梅格在，更看绿叶与青枝。”[④]在苏东坡看来，梅之所以不同于桃李杏，并不在什么绿叶青枝，而在于梅有“梅格”。“梅格”者何？即梅的“孤瘦雪霜姿”[⑤]。寒梅傲霜斗雪、风骨凛然的气韵被逐步挖掘出来，开始有了阳刚之气。如果说林和靖使梅花有了高风，苏东坡则使梅花有了傲骨。

当时杭州的梅花以红梅、蜡梅为主。红梅“来自闽湘中，故有福州红、潭州红、邵武红等名号；蜡梅又名绿萼梅，色黄白，酷似蜜脾，以檀心为上，磬口次

---

① 《归田录》卷下。

② 《宋人轶事汇编·直方诗话》。

③ 据《东坡志林》卷一〇。《范村梅谱》说此诗为梅圣俞（尧臣）作，误。

④ 苏轼：《红梅三首》之一，《东坡诗集注》卷二五。

⑤ 同前，全句为“故作小红桃杏色，尚余孤瘦雪霜姿”。苏轼以“孤瘦霜雪”为“梅格”，为程杰首先提出。参见程杰《宋代梅花审美认识的发展及其成就》，《梅文化论丛》，中华书局2007年版。

之，花小香淡，以子种出，不经接者又次之”[1]。苏东坡除了前文论及的咏红梅诗之外，也有一首《蜡梅一首赠赵景贶》，专门歌咏杭州万松岭上的蜡梅：

天公点酥作梅花，此有蜡梅禅老家。
蜜蜂采花作黄蜡，取蜡为花亦其物。
天工变化谁得知？我亦儿嬉作小诗。
君不见万松岭上黄千叶，玉蕊檀心两奇绝。
醉中不觉度千山，夜闻梅香失醉眠。
归来却梦寻花去，梦里花仙觅奇句。
此间风物属诗人，我老不饮当付君。
君行适吴我适越，笑指西湖作衣钵。[2]

当年万松岭上蜡梅花开时醉人的梅香可以想见。“此间风物属诗人”，诚哉斯言！

还有林和靖留下的梅花，在他仙去的四十多年之后应该还在吧！当年，这位东坡居士曾醉倒孤山，一任梅花落满衣襟，这一切让苏东坡终生难忘。元丰七年(1084)，是苏东坡被贬黄州的最后一年。这年年初，东坡先生在黄昏之时于江边待月赏梅，看到秦观的梅花诗，回忆起十年前在杭州孤山之下赏梅的旧事，生出无限感慨：

西湖处士骨应槁，只有此诗君压倒。
东坡先生心已灰，为爱君诗被花恼。
多情立马待黄昏，残雪消迟月出早。
江头千树春欲暗，竹外一枝斜更好。
孤山山下醉眠处，点缀裙腰纷不扫。
万里春随逐客来，十年花送佳人老。
去年花开我已病，今年对花还草草。
不如风雨卷春归，收拾余香还畀昊。[3]

---

①《西湖游览志余》卷二四。文中所谓“蜡梅又名绿萼梅”，误。

②《东坡诗集注》卷二五。

③《和秦太虚梅花》，《东坡诗集注》卷二五。秦观原诗是《和黄法曹忆建溪梅花》：“海陵参军不枯槁，醉忆梅花愁绝倒。为怜一树傍寒溪，花水多情自相恼。清泪斑斑知有恨，恨春相逢苦不早。甘心结子待君来，洗雨梳风为谁好。谁云广平心似铁，不惜珠玑与挥扫。月没参横画角哀，暗香销尽令人老。天分四时不相贷，孤芳转盼同衰草。要须健步远移归，乱插繁华向晴昊。”

“孤山山下醉眠处，点缀裙腰纷不扫。万里春随逐客来，十年花送佳人老。”眼前的梅花，仿佛是当年孤山之梅万里相送而来，但十年之后，人已渐渐老去矣。此诗中“江头千树春欲暗，竹外一枝斜更好”一联，乃东坡得意之笔。王士祯《渔洋诗话》卷上云：“梅诗无过坡公‘竹外一枝斜更好’七字，及‘雪后园林才半树，水边篱落忽横枝。’高季迪‘雪满山中高士卧，月明林下美人来’亦是俗格。若晚唐‘认桃无绿叶，辨杏有青枝’，直足喷饭。”[①]纪晓岚也认为此句“在和靖暗香疏影一联之上，故无愧色”。的确，下联七字，轻轻一笔，看似无意，平淡之极，却如舌下橄榄，韵味无穷，真是令人绝倒！

起起落落是人生的常态。在苏东坡写完这首诗的第二年，他的命运迎来了转机。摄政的皇太后重新起用了他。四年后(1089)，他又回到了杭州出任太守。此次知杭州，苏东坡为杭州做了很多好事，其中之一便是疏浚西湖，修建长堤。这项工程的合作者之一是郡丞杨蟠，他也是当时一位有名的诗人。杨蟠(约1017—1106)，字公济，号浩然居士，章安人，庆历六年(1046)进士。据说他一生作诗数千篇，但流传至今的只有后人所辑《章安集》一卷。欧阳修《读杨蟠〈章安集〉》云：“苏梅久作黄泉客，我亦今为白发翁。卧读杨蟠一千首，乞渠秋月与春风。”诗中的苏、梅是指宋初著名诗人苏舜钦和梅尧臣，欧阳永叔以杨蟠为继苏、梅二人及自己而起的诗人，竟要在他的诗里讨秋月春风，可见对其人其诗的看重。长堤建成的次年早春，苏东坡与杨蟠来湖上踏雪赏梅，杨蟠作《梅花诗》多首，东坡步其韵先后作梅花诗二十首。兹选录数首于下：

相逢月下是瑶台，藉草清樽连夜开。
明日酒醒应满地，空令饥鹤啄莓苔。

绿发寻春湖畔回，万松岭上一枝开。
而今纵老霜根在，得见刘郎又独来。

---

① “雪后”句出自林逋《梅花》诗中的一首。此诗前文已经摘录，此不赘。黄山谷(庭坚)极爱此联，认为此联当在“疏影”之上。“雪满”句为明高启(季迪)《梅花》诗。全诗为：“琼姿只合在瑶台，谁向江南处处栽。雪满山中高士卧，月明林下美人来。寒依疏影萧萧竹，春掩残香漠漠苔。自去何郎无好咏，东风愁寂几回开。”王士祯以“认桃无绿叶，辨杏有青枝”句出自晚唐，误。

鲛绡翦碎玉簪轻，檀晕妆成雪月明。
肯伴老人春一醉，悬知欲落更多情。

一枝风物便清和，看尽千林未觉多。
结习已空从著袂，不须天女问云何。

春入西湖到处花，裙腰芳草抱山斜。
盈盈解佩临烟浦，脉脉当垆傍酒家。

洗尽铅华见雪肌，要将真色斗生枝。
檀心已作龙涎吐，玉颊何劳獭髓医。

湖面初惊片片飞，尊前吹折最繁枝。
何人会得春风意，怕见梅黄雨细时。

长恨漫天柳絮轻，只将飞舞占清明。
寒梅似与春相避，未解无私造物情。

万松岭上梅依旧，前度苏郎今又来。此时苏东坡心得意满，不再是那个心如死灰的苏东坡了。这些作于元祐年间的诗歌，反映了东坡本人对杭州梅花的热爱，也透露出杭州士大夫赏梅风气之盛。

我们可以把自唐至北宋这段时间，看作是杭州赏梅之风初起之时。孤山之梅绵延数百年，其作为杭州第一处赏梅胜地的地位已确立。唐时吴山的梅花到宋代似不再闻名，而万松岭的蜡梅则继之而起。这段时间，梅花不同于桃李的特性被逐渐认识，人们除了注重它的花形、香气，也开始对疏朗、倾斜的梅姿格外关注。梅也被赋予了更多的意义，成为凛然风骨、隐逸高士的象征。

第三节　南宋时期西湖寻梅

南宋时期，杭州的梅事获得了巨大的发展，皇家、官僚、士人中赏梅之风盛行。据1995年杭州园林文物管理局新编的《西湖志》载："南宋，行都赏梅之处有钱王宫梅岗亭之千树梅花；孤山之阴，缭岁寒亭皆古梅；皇宫御园内梅堂苔梅；张功甫梅圃玉照堂观千叶缃梅；西泠桥有红白梅花五百株，均赏梅佳处。"[①]也是在南宋，有了中国也是世界上第一部梅花专著，即范成大的《范村梅谱》；而张功甫的《玉照堂梅品》更是一幅南宋贵族官僚赏梅的详细画卷，其风雅似晚明清言小品，但又具有浓重的贵族奢华气息。

宋高宗像

赏梅之风之所以如此盛行，自有其深刻的原因。首先，随着宋

① 施莫东主编：《西湖志》，第787页，上海古籍出版社1995年版。

室南迁，全国的政治、经济、文化中心移至杭州，大批皇室成员及官僚、知识分子随之而来，他们中的很多人都极具文化生活品位，有情趣，懂鉴赏。江南是梅花的主要产地，由于这些人的到来，梅花的奇异品种被不断地挖掘和培育，这一切使人们形成了独特的审美追求。梅的外在之美愈加丰富。

其次，北宋中期兴起的理学，讲究格物致知，它主导了很多知识分子的思维方式，很多人以"即物穷理"的态度欣赏梅花，梅的内在品性被不断挖掘，梅的精神也被塑造起来：我之品性投射于梅，与梅之品性相契合，使我之品性通过梅得以展现。所以人们赏梅，其实是欣赏投射于梅中的人的内在品性，并从中获得觉解和激励。此为梅之内在升华。

第三，南宋杭州社会生活的安定，经济的繁荣，以及市民文化水平的提高，促使人们更加注重生活品质，将富余的精神和创造力投入对美的追求之中。在贵族官僚和士大夫们的积极推动下，南宋时期杭州赏梅之风大盛。

一、王公贵族与梅花

王公贵族是集权势、财富和文化于一身的特殊群体。这一群体的喜好，对整个社会的影响不言而喻。因此，王公贵族对梅花的重视，使得梅花的地位进一步提高。所谓"官梅"与"野梅"在情味特色上的区别也愈加明显。

1. 官梅

官梅的兴盛是南宋时期梅花的一大特点。所谓"官梅"，并非梅花的一个品种，而是指种在宫廷苑囿或官府衙宅内的官养梅花。官梅的历史可上溯到西汉时期。汉武帝刘彻于建元二年(前139)在秦朝一个旧苑的基础上扩建了一座规模宏伟的上林苑，中有三十六苑、十二宫、三十五观，同时引入各地名果异树二千余种，其中便有梅。据《西京杂记》记载："初修上林苑，群臣远方各献名果异树……梅七：朱梅、紫叶梅、紫花梅、同心梅、丽枝梅、燕梅、猴梅。"可见当时皇家已有赏梅风尚，作为观赏梅的很多品种已经开始进入宫廷苑囿。彼时虽无官梅的说法，但其实质便是官梅，而且并非一般官府内培植的梅花。南朝梁何逊为官扬州时，府内便有梅花，他常吟咏其下。官梅之典盖出于此。杜甫《和裴迪登蜀州东亭送客逢早梅相忆见寄》诗有"东阁官梅动诗兴"，黄庭坚《雨中花慢》词有"官梅乍传消息"等句，徽宗赵佶时

的传世院画中也有以梅为主题者，可见官梅的栽种一直没有间断。

官梅的特点是稀有、难得、奇异，常点缀于亭台楼榭之间，有富贵妖娆之气。相对于官梅，北宋林和靖所赏的梅花便属野梅。所以梅之隐逸，在官梅这里是荡然无存的。野梅的特点便是自然，常见于山间水畔、舍边篱落，苏轼"竹外一枝斜更好"，说的便是野梅。官梅与野梅只有个人取向不同，并无高下之分。清代赵翼《题谢蕴山观察种梅图》诗："陋彼孤山翁，徒夸疏影横，官梅与野梅，固难一例评。"此诗似有贬低野梅之意，而谢蕴山（启昆）本人的《种梅》诗却说："修得多生到此花，不分山墅与官衙"，又似不作官梅、野梅的区别。

南宋时期的皇家园林一般都有专人维护，以备临幸。据《西湖游览志》卷三记载，在今柳浪闻莺一带，南宋有聚景园，乃孝宗为太上皇高宗所建，曾繁华累朝，尤以梅盛。此处官梅皆种于巨松之下，日久苔生，尤显沧桑。[①]但此园自理宗以后，日渐荒落。园中之梅，也由其自生自灭。故高疏寮有诗："翠华不向苑中来，可是年年惜露台，水际春风寒漠漠，官梅却作野梅开。"南宋为蒙元所灭，因此作黍离之感。可见，官梅的命运也与国运相连，如无贵族官僚的玩赏，官梅也无高贵可言。

2. 王公贵族与梅花

南宋时期赏梅之风盛行，很多王公贵族家里都有梅园。如果我们仔细检索史料就会发现，南宋时期皇室及王公大臣苑囿中题为"梅坡"的有很多。比如西马塍韩蕲王（即韩世忠）的园林中便有"梅坡"，杨和王（即杨沂中）曾建"梅坡园"（又名"总秀"、"梅园"），理宗时杨太后在显庆寺西的宅第中亦有"梅坡园"。南宋画家马远之子马麟曾绘《亭台图》，题有杨后的《宫词》，画中水边林际山坡多红梅，梅中一亭，亭后积草如柳。[②]厉鹗认为此图应有所本，不知是否就是杨太后宅中的"梅坡"，但此图至少会让览者对这些贵族梅园有个较为直观的印象。皇宫后苑中的梅园亦有称"梅坡"的。《武林旧事》卷七记载，淳熙三年十月二十二日庆圣节（即孝宗生日），孝宗陪同高宗于后苑梅坡赏早梅。

---

① 姜夔《吏部梅花八咏》第八首注："聚景官梅皆植之高松之下，花荫岁久萼尽绿。夔旧观梅于彼，所闻于园官者如此。"

② 参见厉鹗《南宋院画录》。杨后所题《宫词》多认为是高宗作，厉鹗辨其非。

这位宋高宗赵构是南宋的第一位皇帝，也是南宋诸皇帝中第一等爱梅人。他喜欢梅花，但见识也只囿于自己已有的宫梅品种，对于野梅，他所知并不多。叶绍翁《四朝闻见录》卷一记载，光尧(即宋高宗)尝谒款泰坛，过易安斋，此处有梅岩，他非常喜欢，还作诗夸赞，但这梅却不认得。于是他便问主僧："此梅唤作甚梅？"主僧答："青蒂梅。"顾名思义，此梅之花蒂应为绿色，不知是否就是颇为有名的"绿萼"，但无论如何，这种梅花应未见于当时的宫廷苑囿中。其实，更准确地说，这些皇宫深苑中的梅花应称之为"宫梅"。理宗时，庐山清虚观有位丁野堂善画梅，理宗召见他问："卿所画者，恐非宫梅。"丁野堂回答："臣所见者，江路野梅耳。"[①]可见宫梅和野梅的区别是非常大的。

高宗虽不识野梅，但他德寿宫里的宫梅却更为稀有难得，非一般人能有机会见识。《西湖游览志余》卷三云：

> 淳熙五年二月初一日，孝宗过德寿宫起居，太上留坐冷泉堂，至石桥亭子看古梅。太上曰："苔梅有二种，一种出张公洞者，苔藓甚厚，花极香。一种出越上，苔如绿丝，长尺余。今岁二种同时著花，留此少观。"

马远《梅石溪凫图》

这两株古苔梅，估计孝宗也没有见过，按赵构的描述，的确是难得之物，给人以遐想。《格致镜原》卷七〇这样描写这种古梅："其枝樛曲万状，苍藓鳞皴，封满花身，又有苔须垂于枝间，风飏绿丝，飘飘可玩。凡古梅多苔者，封固花叶之眼，唯罅隙间始能发花，花虽稀而气之所钟，丰腴妙绝。"据《宗阳宫志》，这两株古梅中的一株自宋迄明，枝干茂密，花时荫三亩，名"德寿梅"，崇祯初始枯。这梅也算是宫梅中的极品了。

① 陈文述：《西泠怀古集》卷六。

南宋院画以梅为主题的作品越来越多，也从另一个侧面反映了王公贵族们对梅花的热爱，因为御用画家们的创作就是为他们服务的。南宋院画在中国绘画史上占有重要地位，出现了李唐、刘松年、马远、夏圭四大家。其中画梅最多的当属马远，吴太素《画梅全谱》云：马远善作《三友图》，厉鹗《南宋院画录》中便记载有马远的《观梅图》、《和靖观梅》、《探梅图》、《梅花册》、《雪崖观梅图》等。马远之子马麟也有《层叠冰绡图》，晴、雨、雪、月四梅图等。此外，又有李唐《梅竹幽禽图》、阎次于《梅林归牧图》、刘松年《竹里梅花图》、楼观《映月梅花图》等。

南宋王公贵族赏梅，在品种方面，他们多喜古梅、异梅，这一方面是因为这种梅本身独特的审美韵味，另一方面是因为物以稀为贵，唯此稀有难得之物，才能与其贵族身份相符。在梅姿方面，他们与北宋士人是有共识的，即以疏朗、清瘦、斜出为美，高宗《梅花岩》诗“梅梢疏瘦正横斜”便是

马麟《层叠冰绡图》

例证。在规模方面，他们既有以单株名品为主题的优雅小园，也有动辄成百上千株的巨大梅园。不论园林大小，皆配以亭台楼榭，恢弘精巧，凸显王家气派。

3. 张镃的玉照堂赏梅

张镃(1153—1221?)即张功甫，号约斋，是循王张俊之曾孙。《宋史》中并没有他的传，但他的事迹在相关史料中有不少记载。他曾与史弥远协助杨太后诛杀韩侂胄，但后来又因得罪史弥远被贬，死于贬所。张镃是贵族公子，其生活的奢华在当时的临安城非常有名。《齐东野语》说"其园池声妓服玩之丽甲天下"[①]。周密说：

> (张镃)尝于南湖园作驾霄亭于四古松间，以巨铁絙悬之空半而羁之松身。当风月清夜，与客梯登之，飘摇云表，真有挟飞仙、溯紫清之意。王简卿侍郎尝赴其牡丹会云："众宾既集，坐一虚堂，寂无所有。俄问左右云：'香已发未？'答云：'已发。'命卷帘，则异香自内，郁然满座。群妓以酒肴丝竹，次第而至。别有名妓数十辈，皆衣白，首饰衣领皆绣牡丹，首戴照殿红一枝，执板奏歌侑觞，歌罢乐作乃退。复垂帘谈论自如。良久香起，卷帘如前，别数十妓易服与花而出，大抵簪白花则衣紫，紫花则衣鹅黄，黄花则衣红。如是十杯，衣与花凡十易，所讴者皆前辈牡丹名词。酒竟，歌者乐者无虑百数十人，列行送客，烛光香雾，歌吹杂作，客皆恍然如仙游也。

如此奢华场面，不亚于今日的大型晚会表演，而今日的表演似也没有卷帘放香这种创意。虽说奢华太过，但也着实不由得令人心生赞叹！

张镃所爱者除牡丹外，更有梅花。他的赏梅，可以作为贵族公子的一个代表。孝宗淳熙十二年(1185)，张镃在南湖[②]之滨购买了曹子野已经荒芜了的园圃，建了座桂隐斋。这里原有数十株古梅没有人管理，张镃便开地十亩，将这些古梅移种成列，并从他在北山的别圃中移来三百多株江梅，又筑堂数间以备赏梅之用。堂之东西挟以两室，东植千叶缃梅，西植红梅各一二十章，花开时，"环洁辉映，夜如对月，因名曰'玉照'"[③]。又在花间开渠，小舟往来

① 周密：《齐东野语》卷二〇。

② 南湖，又称白洋湖，在艮山门内，宋时水面尚宽阔，有"赛西湖"之称，今已湮没无迹。

③ 张镃：《玉照堂梅品》，参见周密《齐东野语》卷一五，下同，不出注。

其中，其景光盖可想见。当时有诗云："一棹径穿花十里，满城无此好风光。"桂隐斋于是闻名临安城，达官显贵、文人墨客多闻名蚁集，题咏层委。

"梅花为天下神奇"，张镃觉得只有如此方"不负此花"。但他因爱梅之至，唯恐杂人亵渎此神物，因此并非来者不拒。"梅开之日，订客日醉，稍有俗肠一毫，不许杂入。著《禁约》三十条，犯者罚酒一斗。"[1]张镃又认为，"花艳并秀，非天时清美不宜；又标韵孤特，若三闾大夫，首阳二子，宁槁山泽，终不肯俯首屏气，受世俗湔拂。间有身亲貌悦，而此心落落不相领会，甚至于污亵附近，略不自揆者。花虽眷客，然我辈胸中空洞，几为花呼叫称冤，不特三叹、屡叹、不一叹而足也。"于是他花了数月时间，因梅之性情撰"花宜称、憎嫉、荣宠、屈辱四事，总五十八条，揭之堂上，使来者有所警省。且世人徒知梅花之佳，而不能爱敬之，使予之言，传闻流诵，亦将有愧色云"。这五十八条极为有趣，特抄录如下，以飨读者：

花宜称凡二十六条：

淡阴。晓日。薄寒。细雨。轻烟。佳月。夕阳。微雪。晚霞。珍禽。孤鹤。清溪。小桥。竹边。松下。明窗。疏篱。苍崖。绿苔。铜瓶。纸帐。林间吹笛。膝上横琴。石枰下棋。埽雪煎茶。美人淡妆篸戴。

花憎嫉凡十四条：

狂风。连雨。烈日。苦寒。丑妇。俗子。老鸦。恶诗。谈时事。论差除。花径喝道。对花张绯幕。赏花动鼓板。作诗用调羹驿使事。

花荣宠凡六条：

主人好事。宾客能诗。列烛夜赏。名笔传神。专作亭馆。花边讴佳词。

花屈辱凡十二条：

俗徒攀折。主人悭鄙。种富家园内。与粗婢命名。蟠结作屏。赏花命猥妓。庸僧窗下种。酒食店内插瓶。树下有狗屎。枝上晒衣裳。青纸屏粉画。生猥巷秽沟边。

除《齐东野语》外，周密在《武林旧事》"张约斋赏心乐事"中也记载了张

---

① 夏基：《西湖揽胜诗志》卷四。

吴昌硕《古雪》

镃一年中的赏梅安排：正月孟春有“玉照堂赏梅”、“湖山寻梅”，二月仲春有“玉照堂西赏缃梅”、“玉照堂东赏红梅”，十一月仲冬有“味空亭赏蜡梅”、“孤山探梅”，十二月季冬有“绮互亭赏檀香蜡梅”、“湖山探梅”、“玉照堂赏梅”等。这些都颇有晚明士人的风味，而富贵之气则是晚明士人所无法比拟的。

张镃所著《南湖集》咏梅之诗极多，现随意摘录一首，供读者识其风雅：

笛声吹起南湖水，散作奇葩满园里。
被春收入玉照堂，不逐余芳弄红紫。
一春开霁能几时？江梅正多人来稀。
光风屈指已过半，赖有缃蕊森高枝。
今朝拄杖偏宜到，暖碧红烟染林草。
悠然试就花下行，便有疏英点乌帽。
戏看宝靥轻金涂，密网粲缀万斛珠。
一香举处众香发，幻巧更吐冰霜须。
巨罗盛酒如春沼，不待东风自开了。
呼童撼作晴雪飞，雪飞争似花飞好？
上都赏玩争出城，日高三丈车马尘。
谁能摆脱热官与，铜臭肯学花底真。
闲人时平空山老，壮士不得灭秦报君死。
鸡鸣抚剑起相叹，梦领全师渡河水。
吾曹耻作儿女愁，何如且插花满头？
一盏一盏复一盏，坐到落梅无始休。
无梅有月尤堪饮，醉卧苍苔石为枕。
醒来明月别寻花，桃岸翻霞杏堆锦。[①]

张镃虽也有被人诟病之处，但他的确是位颇有

① 《千叶黄梅歌呈王梦得张以道》，《南湖集》卷二。

才华的贵族公子，不但善诗词，也善画竹石古木，除梅外，又酷爱牡丹，一时名流如陆游、尤袤、杨万里、辛弃疾、姜夔等皆与之往来唱和，其中尤与杨万里关系密切。杨万里《约斋南湖集序》云："初予因里中胥德璘谈循王之曾孙约斋子有能诗声，余固心慕之，然犹以为贵公子，未敢即也。既而访陆务观于西湖之上，适约斋子在焉。则深目颦蹙，寒肩臞膝，坐于一草堂之下，而其意若在岩壑云月之外者，盖非贵公子也，始恨识之之晚。"[①]张功甫神貌可略见一斑。

二、士大夫赏梅

不同于皇家赏梅，作为知识分子的文人士大夫在欣赏梅花外在之美的同时，更注重梅内在之美的挖掘，梅之内在精神愈为世人所推重。这其实是士大夫"格物""比德"的结果，与富贵王公们赏梅的情味迥然有异。

"梅以韵胜，以格高。"[②]北宋时期，苏轼定"孤瘦雪霜姿"为"梅格"，以区别于桃李。两宋之交的主战派名臣李纲曾写过一篇《梅花赋》，所言更详，梅不但可观，而且可用。他认为"梅花非特占百卉之先，其标格清高，殆非余花所及"，因为它于"固阴沍寒，草木冻枯"之时，"惟兹梅之异品，得和气而早苏"，其根、其干、其枝、其叶、其花、其香、其态，可谓标格独高、众美咸具，相形之下"桃李逊娉，梨杏推妍，玫瑰包羞，芍药厚颜"；而当梅花"敛华就质"，"结成青实"之时，又能"钟曲直之真味（酸），得东方之正色（青）"，"傅说资之以和羹，曹公望之以止渴。用其材可以为栋梁，采为药可以蠲热，又非众果之所能仿佛也"。

在这篇赋的最后，李纲说："爰有幽人，卜居梁溪，艺松菊于三径，树兰蕙之百畦，丹桂团团，绿竹猗猗，植兹梅于其间，庶岁寒之相依，嗅花嚼实，侑此一卮，颓然而醉，不知天地之高卑，岂特泉石膏肓，烟霞痼疾，殆所谓未能忘情如草木，聊托物以娱嬉者乎？"[③]这位卜居梁溪的所谓"幽人"便是李纲自己，所种松菊、兰蕙、丹桂、绿竹等皆是历代比德君子之物，植梅其间，将梅与

① 《诚斋集》卷八一。

② 范成大：《梅谱·后序》。

③ 参见《梁溪集》卷二。

诸君子并列。李纲“托物以娱嬉”,以梅比拟自己清高的品格与卓越的才华。梅之品质逐渐成为士大夫们赏梅的重要内容。

南宋时期,梅的品质中最为士人赏识的便是不畏严寒、傲霜斗雪。这成为君子居困、坚韧不拔的象征;梅花早发,于重阴之下,得一阳之先,又如君子之先知先觉。士人歌咏梅花,也多以显性彰德为宗旨。南宋时期,随着“岁寒三友”的说法逐渐确立,松、竹、梅成为君子挺立人格、高标气节的象征。

当时的临安是南宋的都城,很多著名的文人学者都曾在这里居住,其中不乏爱梅赏梅之士。除了李纲之外,还有陆游、杨万里、范成大、姜夔、周密等。他们代表了南宋时期临安士大夫们的赏梅风尚。

陆游曾长期居住于杭州,是南宋士大夫中最痴迷梅花的一位。虽然他的不少梅花诗并非作于杭州,但他对梅花的赏爱并无地域区别。今天,很多人知道他爱梅,都是因为他以梅自况的那首《卜算子》:

驿外断桥边[1],寂寞开无主。已是黄昏独自愁,更著风和雨。

无意苦争春,一任群芳妒。零落成泥碾作尘,只有香如故。

而毛泽东反其意而用之,写出了那首著名的咏梅词,更使得陆游的这首词家喻户晓。断桥边的梅花,在放翁的眼里是超脱的,也是寂寞的,有些孤芳自赏,并泛着淡淡的愁怨。这也是不得志的陆游的自我写照。很多人会认为这便是陆游笔下梅花的基本神韵,其实非也。

陆游笔下之梅,傲,并带有几分洒脱,且看:“雪虐风号愈凛然,花中气节最高坚,过时自会飘零去,耻向东君更乞怜。”[2]虽然都无争春之意,但这还是断桥边的梅花吗?隆冬时节尽情挥洒,春天一到拂袖而去,何等超然!何以故?袅娜春花,全是媚俗之态,“饱知桃李俗到骨,何至与渠争著鞭?”[3]梅花之傲,已到了耻与桃李为伍的地步。这也正是放翁理想人格的写照。

放翁爱梅,花前每每醉倒,如痴如狂,倒也来得痛快。“折得梅花古渡头,诗凡却恐作花羞。清樽赖有平生约,烂醉千场死即休。”[4]“年年烂醉万梅中,

---

① 此断桥并非杭州西湖的断桥。

② 《落梅》,《剑南诗稿》卷二六。

③ 《雪后寻梅偶得绝句十首》,《剑南诗稿》卷一四。

④ 《梅花绝句》,《剑南诗稿》卷四九。

吸酒如鲸到手空。”[①]“山村梅开处处香，醉插乌巾舞道傍。饮酒得仙陶令达，爱花欲死杜陵狂。”[②]这些都是放翁的酒后醉话。

陆游像

陆游花前醉酒，其醉态倒也天真可爱。一边说醉话，一边将折下的梅花插个满头，把乌巾插坏也在所不惜。“寻梅不负雪中期，醉倒犹须插一枝”[③]、“老子人间自在身，插梅不惜损乌巾”[④]。在成都时，他也曾在赏梅归来时“醉帽插花”，引得老百姓围观。有时这个醉汉将花插在乌纱帽上，由于插得太多，帽子都压歪了。然而，放翁如果只是一味豪放不羁，便觉粗浅，他的这种醉态后面往往透出淡淡的隐忧：“行遍茫茫禹画州，寻梅到处得闲游。春前春后百回醉，江北江南千里愁。”[⑤]诗人兴尽忧来，让人心头一沉。

前文有述，临安有位著名的爱梅人，即张镃，他梅圃中的梅花极为有名。其曾祖张俊曾是著名的主战派，这一点无疑与陆游很投缘，张镃的好友杨万里（诚斋）也是主战派，并且在当时是唯一能够与陆游真正匹敌的诗人，也非常喜欢梅花。陆游在杭州时，与他们都有往来。据周密《浩然斋雅谈》卷中记载，一日，陆游与同僚被张镃请到南湖桂隐斋饮酒，这里玉照堂的梅花当时名满都城。酒正酣时，张镃请出一个名叫“新桃”的小姬出来歌舞并劝酒，

① 《春初骤暄一夕梅尽开明日大风花落成积戏作》，《剑南诗稿》卷三四。

② 《梅花》，《剑南诗稿》卷三八。

③ 《梅开绝晚有感》，《剑南诗稿》卷七五。

④ 《浣花赏梅》，《剑南诗稿》卷九。

⑤ 《园中赏梅》，《剑南诗稿》卷一二。

请放翁在手中团扇上题诗。放翁即兴题了一首绝句："寒食清明数日中，西园春事又匆匆。梅花自避新桃李，不为高楼一笛风。"将这位小姬的名字隐于诗中，以为一笑。

此事本来到此为止，但这首诗被后人引申开来，认为此诗有讥讽朝政之意，并说陆游因此被罢官。周密虽不同意讥刺说，但同意罢官说。而据考证，这都是后人的捕风捉影，曲解陆游的诗，并将这首诗同陆游被调任联系在一起，猜测陆游因讥刺曾觌而得罪孝宗。曾觌是孝宗的心腹，一次，曾在孝宗(当时尚为太子)内廷宴饮，一位宫娥拿出手帕要曾觌题诗。因为当时德寿宫有位内臣与宫娥有来往，弄出事情，曾觌为避嫌疑不敢题诗。此事被陆游知道，并传了出去，惹得孝宗不高兴，把陆游赶出了临安。后人猜测陆游以"梅花自避新桃李"也是讥刺此事。殊不知发生此事时，张镃只有十岁，而南湖桂隐堂二十多年之后(1185)才建成，时间不对。绍熙元年(1190)六十五岁的陆游最后一次被罢官，是因为政敌弹劾他"前后屡遭白简,所至有污秽之迹"，也无涉此诗。

同陆游一样，杨万里(诚斋)也是一位爱梅的多产诗人，在他存世的四千多首诗里，有关梅花的就有一百四十余篇。这两位诗坛老友兼对手笔下的梅花风格倒有差异，诚斋笔下的梅没那么傲，是清新俏皮的，而诗人则童心未泯。诚斋曾建了一座小小书斋，因状似小舟，故名"钓雪舟"。一日，他读书倦卧斋内，忽一阵清风吹入，撩起瓶中梅花的香气，诗人惊醒，遂作了一首绝句："小阁明窗半掩门，看书作睡正昏昏。无端却被梅花恼，特地吹香破梦魂。"①爱梅之极，却作嗔相，着实可爱。"山路婷婷小树梅，为谁零落为谁开。多情也恨无人赏，故遣低枝拂面来。"②山间小梅，却似情窦初开的小妹，活泼俏皮。

杨万里与张镃友善，是玉照堂的常客，经常与张镃诗词唱和，其中的一首和诗云："骏女痴儿总爱梅，道人衲子亦争栽。何如雪后璚瑶迹，却记诗人独自来。"③从这首诗中，我们可以看到当时杭州人种梅赏梅风气极盛，男男

①《钓雪舟倦睡》，《诚斋集》卷七。

②《明发房溪》，《诚斋集》卷一七。

③《走笔和张功父玉照堂十绝句》，《诚斋集》卷二一。

女女、道士僧人都争相种梅，但杨万里对此颇不以为然，所以用了“騃女痴儿”带有讥讽之意的四个字，这大概与张镃认为“俗肠”之人会亵渎梅花同出一理吧！杨万里认为，梅花只宜诗人雪后独访。杨万里似乎有些清高，因为在他看来，梅花并非世俗之物，大多数人难以真正领略梅之神韵。

杨万里有一篇《洮湖和梅诗序》，可以视为最早对梅花进行总结的作品之一，论述历史上人们对梅认识的转变过程。[①]相比较而言，更针对梅花本身、价值更大的作品应属范成大的《梅谱》。《梅谱》是中国，也是世界上第一部梅花专著。这部专著虽说字数不多，却有开山的意义，标志着人们对梅花从纯粹的培植、欣赏，发展到了整理研究的深度。《梅谱》中一共搜集了十二种梅花：江梅、早梅、官城梅、消梅、古梅、重叶梅、绿萼梅、百叶缃梅、红梅、鸳鸯梅、杏梅、蜡梅。其中绿萼记有两种、蜡梅记有三种，而所谓古梅，则为江梅一类的老树形态，故实际记有梅花十四种。[②]其中“蜡梅本非梅类，以其与梅同时，香又相近，色酷似蜜脾，故名蜡梅”。古人赏梅，蜡梅亦在其中。这些梅花品种，当时的杭州大多数都有。

范成大像

在《梅谱》中，范成大特别提到了钱塘湖上早梅，较他处尤早。一般梅花烂漫于晚春二月，早梅则在冬至前，而钱塘的早梅有在重阳节开放的，竟与菊花同时。他有一首诗记此事：“五斗留连首屡回，来寻南涧濯尘埃。春风只恐渊明去，借与横枝对菊开。”[③]当时临安城卖花的人为了争奇，在初冬时节便

① 参见《诚斋集》卷八〇。

② 参见程杰《宋代梅品种考》，《梅文化论丛》第89页。

③《九月十日南山见梅》，《石湖诗集》卷八。

将未开的梅花放在浴室里熏蒸，令其提前开放，这样的所谓“早梅”外观猥琐，也无香气，就像今天催熟的瓜果一样没有味道。不过，此事倒从另一个侧面反映出当时临安人对梅花的追捧。

范成大是位爱梅人，晚年在苏州石湖玉雪坡建梅园，里面也有德寿宫中的那种苔梅，“苔须垂于枝间，或长数寸”。《梅谱》便是创作于此园。范成大有位忘年交，即著名词人姜夔(白石)，他们都是张镃桂隐斋的常客。绍熙二年(1191)冬，姜夔访石湖，住了一个月，应范成大之请写了两首著名的梅花词，名曰“暗香”、“疏影”。范成大非常喜欢，把玩不已。宋人张炎曾经叹曰：“词之赋梅，惟白石《暗香》、《疏影》二曲，前无古人，后无来者，自立新意，真为绝唱。太白云：‘眼前有景道不得，崔颢题诗在上头’。诚哉是言也！”[①]其褒奖如此。其中《暗香》一词，由眼前的石湖梅花回忆起昔日西湖的梅花及同赏的知己，有人推测，这位知己便是姜夔在合肥结识的那位琵琶女，二人分别正是梅开之时，故白石词中谈及梅花，多有此琵琶女之意向。[②]其词曰：

旧时月色，算几番照我，梅边吹笛。唤起玉人，不管清寒与攀摘。何逊而今渐老，都忘却春风词笔。但怪得竹外疏花，香冷入瑶席。

江国，正寂寂。叹寄与路遥，夜雪初积。翠尊易泣，红萼无言耿相忆。长记曾携手处，千树压、西湖寒碧。又片片、吹尽也，几时见得？[③]

姜夔对西湖的梅花很熟悉，他常携朋友、家妓于孤山之西村、西泠桥一带赏梅，那里有“十亩梅花作飞雪”[④]。此外，他还有《卜算子·吏部梅花八咏》，又可见当年杭州各处梅花情状。其一：

江左咏梅人，梦绕青青路。因向凌风台下看，心事还将与。

忆别庾郎时，又过林逋处。万古西湖寂寞春，惆怅谁能赋。

其二：

月上海云沉，鸥去吴波迥。行过西泠有一枝，竹暗人家静。

---

①《山中白云词·乐府指迷》。

② 参见夏承焘《合肥词事》，但也有人认为在姜夔与琵琶女分别之前，也有涉梅情词，夏说并不成立。但从《暗香》这首词看，姜夔西湖情事之说也并非完全捕风捉影。

③《白石道人歌曲》卷四。

④《莺声绕红楼》，《白石道人歌曲》卷二。

又见水沉亭，举目悲风景。花下铺毡把一杯，缓饮春风影。（西泠桥，在孤山之西。水沉亭，在孤山之北，亭废。）

其三：

藓干石斜妨，玉蕊松低覆。日暮冥冥一见来，略比年时瘦。

凉观酒初醒，竹阁吟才就。犹恨幽香作许悭，小迟春心透。（凉观在孤山之麓，南北梅最奇。竹阁在凉观西，今废。）

其四：

家在马城西，曾赋梅屏雪。梅雪相兼不见花，月影玲珑彻。

前度带愁看，一晌和愁折。若使逋仙及见之，定自成愁绝。（马城，在都城西北，梅屏甚见珍爱。）

其五：

摘蕊暝禽飞，倚树悬冰落。下竺桥边浅立时，香已漂流却。

空径晚烟平，古寺春寒恶。老子寻花第一番，常恐吴儿觉。（下竺寺前涧石上，风景甚妙。）

其六：

绿萼更横枝，多少梅花样。惆怅西村一坞春，开过无人赏。

细草藉金舆，岁岁长吟想。枝上么禽一两声，犹似宫娥唱。（绿萼、横枝，皆梅别种，凡二十许名。西村，在孤山后，梅皆阜陵时所种。）

其七：

象笔带香题，龙笛吟春咽。杨柳娇痴未觉愁，花管人离别？

路出古昌源，石瘦冰霜洁。折得青须碧藓花，持向人间说。（越之昌源古梅妙天下。）

其八：

御苑接湖波，松下春风细。云绿峨峨玉万枝，别有仙风味。

长信昨来看，忆共东皇醉。此树婆娑一惘然，苔藓生春意。（聚景官梅皆植之高松之下，花荫岁久，萼尽绿。曩旧观梅于彼，所闻于园官者如此。末章及之。）①

①《白石道人歌曲·别集》。

这八首词中所咏梅花大多在孤山、西泠一带，他在杭州赏梅之地还有城西北的马城、下天竺寺、御园聚景园等地。当然，张镃的桂隐斋玉照堂虽未见于这几首词中，从姜夔同张镃的关系，及他写的《喜迁莺慢·功父新第落成》看，玉照堂的梅花他也一定是领略过的。

从姜夔的第六首词可知，孝宗时曾在孤山后之西村种了很多梅花，这些梅花当然是有纪念林和靖的意思。其实，不仅孝宗皇帝，他前面的宋高宗对林和靖也尊敬有加。绍兴十六年，高宗建四圣延祥观于孤山，尽徙院刹及士民之墓。独处士墓，诏勿徙。咸淳间，贾似道题石“和靖先生墓”，金华王庭书，林泳为记。可以说，孤山林和靖墓在南宋时期一直受到来自官方的保护。

当时还发生了一件有趣的事：突然出来一位姓林名洪字龙发号可山的人，自称是林和靖七世孙，也隐居孤山，并与不少士人唱和往来。姜夔得知此事，颇不以为意，认为此人一定是个冒牌货。据陈世崇《随隐漫录》卷三：“林可山称和靖七世孙，不知和靖不娶，已见梅圣俞序中矣。姜石帚嘲之曰：‘和靖当年不娶妻，因何七世有孙儿。盖非鹤种并龙种，定是瓜皮搭李皮。’”姜夔的讽刺实在是太辛辣了，这大抵也是他爱林和靖太深的缘故。林可山既然以林和靖后人的名义出现，应该不会不知道林和靖不娶无子吧！陈世崇所谓“不知和靖不娶”的可能性不大。更奇怪的是，陈世崇的父亲陈郁倒是林可山的好友，他有一首《题林可山为倪龙辅所作梅村图后》：“当年一句月黄昏，香到梅边七世孙。应爱君诗似和靖，为君依样画西村。”看来他是相信林可山为林和靖后人的。今人从王德毅等编《宋人传记资料索引》(第一册第331页)上查到：“王时敏，上饶人，林逋弟子。逋卒，时敏为立后。”以此证林逋后人为王时敏立林逋之兄之子或孙为其后[①]，果如此，林可山应为林逋之兄的后人。

当时相信林可山的人还是很多的，宋伯仁便是其中比较有名的一位。《四库全书总目提要》云：“伯仁，字器之，湖州人。嘉熙中为盐运司属官，多与高九万、孙季蕃唱和，亦江湖派中人也。”据《西塍集》中《寓西马塍》诗题下注云：“嘉熙丁酉五月二十一日，寓京遭爇，侨居西马塍。”他在这里写了很多

① 参见叶石健《对一个“最刺激人”问题的探索》，《书屋》2003年第11期。

诗，所以在西马塍居住的时间应该不短。他有《访林可山》诗云：

可山无日不吟诗，
我欲论诗未有期。
几次孤山明月下，
手捋梅蕊立多时。

又有《读林可山西湖衣钵》诗：

梅花花下月黄昏，
独自行歌掩竹门。
只为梅花全属我，
不知和靖有仍孙。

从“不知和靖有仍孙”一句可知，林可山的出现对宋伯仁来说也是一个意外，但他本人对林可山并不怀疑。诗中“只为梅花全属我”一句颇有自负之意，而他的自负并不出人意外。宋伯仁有一部著名的《梅花喜神谱》，是历史上第一部描绘梅花各种情态的木刻画谱。所谓“喜神”者，乃宋时对画像的称谓。这个画谱原绘有梅花二百幅，后删去一百幅，仅余百幅。分上、下卷，上卷含“蓓蕾四枝、小蕊十六枝、大蕊八枝、欲开八枝、大开十四枝”，

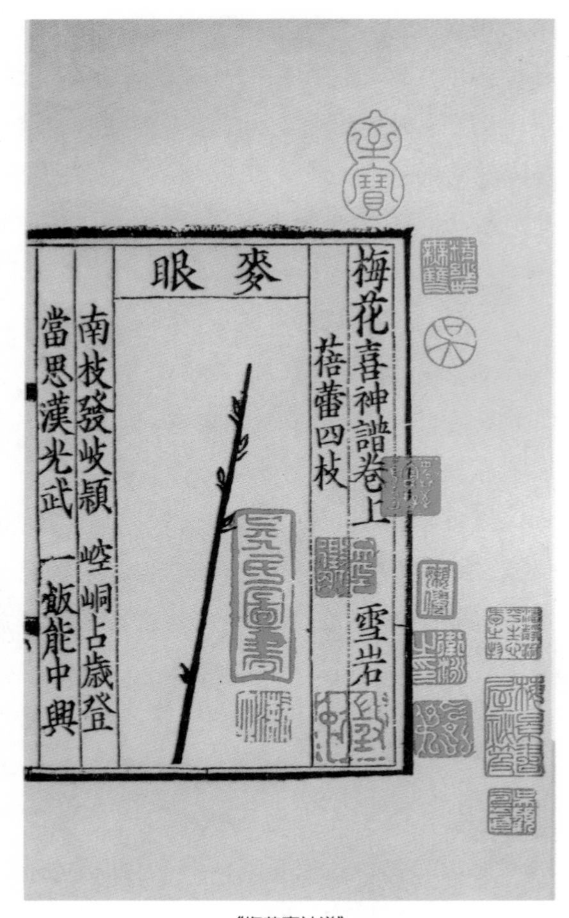

梅花喜神譜卷上
蓓蕾四枝　雪岩
麥眼
南枝發岐頴　崆峒占歲登
當思漢光武　一飯能中興

《梅花喜神谱》

下卷含“烂漫二十八枝、欲谢十六枝、就实六枝”，每图为一枝或数枝一蕊，形象鲜明而富有变化，图左有题诗。在自序中，宋伯仁说：“余有梅癖，辟园以栽，筑亭以对”，“于花放之时，满肝清霜，满肩寒月，不厌细徘徊于竹篱茅屋边，嗅蕊吹英，挼香嚼粉，谛玩梅之低昂俯仰、分合卷舒，其态度冷冷然，清奇俊古，红尘事无一点于箸……欲与好梅之士共之，付刊诸梓，以闲工夫作闲事业”云云。可见，宋伯仁说自己有“梅癖”，并不是虚言。

南宋都城临安，花柳繁盛之地，温柔富贵之乡，是享受生活的好去处。自高宗经孝宗、光宗、宁宗百年间，虽内忧外患不断，但社会总体平稳，经济文化空前繁荣，迁客骚人于此吟风弄月，梅花也获得格外荣宠。南宋临安城内官梅的数量、质量的变化对临安城梅花的影响巨大，而官梅的命运又与国运相连。理宗之后，南宋国运式微，终于没能招架住蒙古的强大军事进攻，于1259年在惨烈的崖山海战中落下帷幕。元代初年的杭州虽然在马可·波罗眼里仍是一座“天城”，但与作为都城时的情景已不可同日而语，使人颇有物是人非之感。

经历亡国之变的周密曾写过一首《法曲献仙音·吊雪香亭梅》，其词曰：

松雪飘寒，岭云吹冻，红破数枝春浅。衬舞台荒，浣妆池冷，凄凉市朝轻换。叹花与人凋谢，依依岁华晚。

共凄黯，问东风、几番吹梦，应惯识、当年翠屏金辇。一片古今愁，但废绿、平烟空远。无语销魂。对斜阳、衰草泪满。又西泠残笛，低送数声春怨。

雪香亭在葛岭集芳园内。据《武林旧事》记载：“集芳园在葛岭。元系张婉仪园，后归太后殿。内有古梅老松甚多。理宗赐贾平章。旧有清胜堂、望江亭、雪香亭等。”此时的雪香亭虽然古梅依旧开放，但已无昔日繁华，旧时宫苑，满眼衰败，亡国之恨不由袭上心头，西泠桥边一曲《梅花落》，在斜阳衰草间，更觉幽怨。“官梅却作野梅开”，这恐怕是所有宫苑官梅的共同命运。

附一：梅花碑

梅花碑，又号“梅石双清碑”。此碑本非刻于南宋时期，但其所刻主题却是南宋德寿宫旧物，此处一并介绍。

这德寿宫在南宋初年属兴礼坊境，因有望气者说此处地旺，有郁葱之祥，被秦桧看中，请为府第。秦桧死后，其宅邸又被退政的高宗占去，改名德寿宫。孝宗退政，又居于此，改称重华宫。后又改慈福、慈寿等名号。度宗时，割德寿宫苑囿之半建道观，即宗阳宫。故相关记载多见于《宗阳宫志》中。

这“梅石双清”之梅，便是前文所述之宗阳宫中的“德寿梅”，画梅者为明末清初的画家孙杕。杕，字子周，号竹痴，工行草飞白，善竹石花卉。如若此梅真枯死于崇祯初年，则孙杕画它时，它已奄奄一息，垂垂老矣。此古苔梅历经数百年沧桑巨变，枝丫间饱含风霜之气，实在比新梅更有生命感。

宗阳宫内又有芙蓉石，高丈余，玲珑苍润，宛似芙蓉，与古梅同为德寿宫旧物。写之者为明代画家蓝瑛。瑛，字田叔，号蝶叟。其画山水取法宋元，自成一格，为浙派巨子，尤工画石。有好事者将两画刻于石碑，题曰“梅石双清”。乾隆皇帝下江南，曾经两次来看此梅花碑，当时石碑已断为两截，后来乾隆命人摹刻了两块，一块放在北京，一块留在杭州。乾隆有首《题梅石碑诗》云：

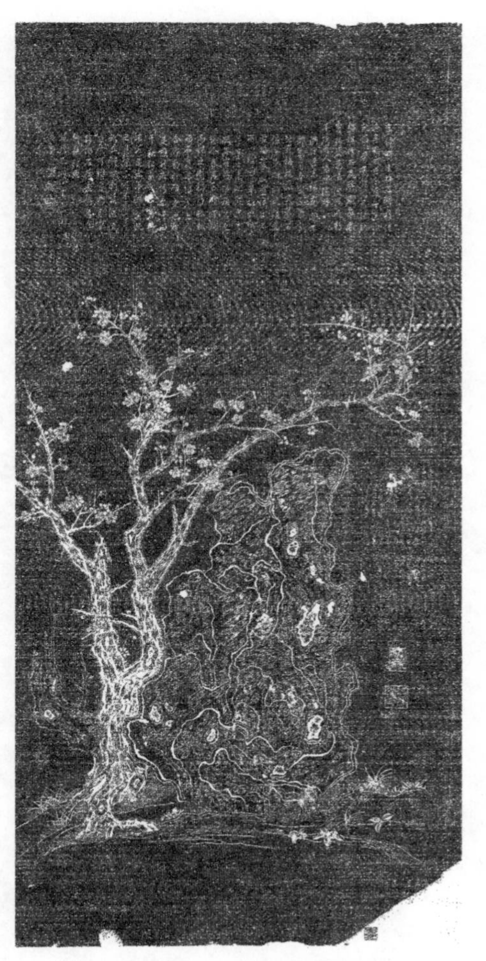

梅石双清碑拓片（由杭州西湖博物馆提供）

临安半壁苟支撑,遗迹披寻感慨生。

梅石尚能传德寿,苕华又见说蓝瑛。(宋时苔梅久萎蓝瑛画梅镌于石。)

一奉雨后犹余润,老干春来不再荣。

五国风沙哀二帝,议和嬉乐独何情。

现在,北京的那块石碑留在了北大未名湖畔,芙蓉石则置于北京中山公园,而杭州的那块石碑则在“文化大革命”初被毁。

附二:《范村梅谱》

范成大所著《梅谱》是当时有关梅花的最重要著作,字数不多,现摘录如下,供读者参考。

梅,天下尤物,无问智贤愚不肖,莫敢有异议。学圃之士必先种梅,且不厌多。他花有无,多少,皆不系重轻。余于石湖、玉雪坡既有梅数百本。比年又于舍南买王氏僦舍七十楹,尽拆除之,治为范村,以其地三分之一与梅。吴下栽梅特盛,其品不一,今始尽得之。随所得为之谱,以遗好事者。

江梅

遗核野生,不经栽接者。又名直脚梅,或谓之野梅。凡山间水滨,荒寒清绝之趣,皆此本也。花稍小而疏瘦,有韵,香最清,实小而硬。

早梅

花胜直脚梅,吴中春晚二月始烂漫,独此品于冬至前已开,故得“早”名。钱塘湖上亦有一种,尤开早。余尝重阳日亲折之,有“横枝对菊开”之句。

行都卖花者,争先为奇。冬初所未开,枝置浴室中熏蒸,令折,强名早梅,终琐碎,无香。

余顷守桂林,立春,梅已过。元夕则见青子,皆非风土之正。杜子美诗云:“梅蕊腊前破,梅花年后多。”惟冬春之交,正是花时耳。

官城梅

吴下圃人以直脚梅择他本花肥实美者,接之,花遂敷腴,实亦佳,可

入煎造。唐人所称官梅止谓“在官府园圃中”，非此官城梅也。

消梅花与江梅、官城梅相似，其实圆小松脆，多液无滓。多液则不耐日干，故不入煎造，亦不宜熟，惟堪青啖，比梨，亦有一种轻松者，名消梨，与此同意。

古梅

会稽最多，四明、吴兴亦间有之。其枝樛曲万状，苍藓鳞皴，封满花身。又有苔须垂于枝间，或长数寸，风至，绿丝飘飘，可玩。初谓“古木”，久历风日致然。详考会稽所产，虽小株，亦有苔痕，盖别是一种，非必古木。余尝从会稽移植十本。一年后，花虽盛发，苔皆剥落殆尽，其自湖之武康所得者，即不变移，风土不相宜。会稽隔一江，湖苏接壤，故土宜或异同也。凡古梅多苔者，封固花叶之眼，惟罅隙间始能发花。花虽稀而气之所钟，丰腴妙绝，苔剥落者，则花发仍多，与常梅同。

去成都二十里，有卧梅，偃蹇十余丈，相传唐物也，谓之梅龙。好事者，载酒游之。

清江酒家有大梅如数间屋，傍枝四垂，周遭可罗坐数十人。任子严运使买得，作凌风阁临之，因遂进筑大圃，谓之盘园。

余生平所见梅之奇、古者，惟此两处为冠，随笔记之，附古梅后。

重叶梅

花头甚丰，叶重数层，盛开如小白莲，梅中之奇品。花房独出而结实多双，尤为瑰异，极梅之变，化工无余巧矣。近年方见之，蜀海棠有重叶者，名莲花海棠，为天下第一，可与此梅作对。

绿萼梅

凡梅花，纣蒂皆绛紫色，惟此纯绿。枝梗亦青，特为清高，好事者比之“九疑仙人萼绿华”。京师艮岳有萼绿华堂，其下专植此本。人间亦不多有，为时所贵重。吴下又有一种萼，亦微绿，四边犹浅

绿萼梅

绛，亦自难得。

百叶缃梅

亦名黄香梅，亦名千叶香。梅花叶至二十余瓣，心色微黄，花头差小而繁密，别有一种芳香，比常梅尤秾美。不结实。

红梅

粉红色。标格犹是梅，而繁密则如杏。香亦类杏。诗人有"北人全未识，浑作杏花看"之句，与江梅同开，红白相映，园林初春绝景也。梅圣俞诗云："认桃无绿叶，辨杏有青枝。"当时以为著题。东坡诗云："诗老不知梅格在，更看绿叶与青枝"，盖谓其不韵，为红梅解嘲云。承平时，此花独盛于姑苏。晏元献公，始移植西冈圃中。一日贵游，赂园吏得一枝分接。由是都下有二本，尝与客饮花下，赋诗云："若更开迟三二月，北人应作杏花看。"客曰："公诗固佳，待北俗何浅耶？"晏笑曰："伧父安得不然。"

红梅（周宇皓摄）

王琪君玉，时守吴郡，闻盗花种事，以诗遗公曰："馆娃宫北发精神，粉瘦琼寒露蕊新。园吏无端偷折去，凤城从此有双身。"当时罕得如此。比年展转移接，殆不可胜数矣。世传吴下红梅诗甚多，惟方子通一篇绝唱，有"紫府与丹来换骨，春风吹酒上凝脂"之句。

鸳鸯梅

多叶红梅也。花轻盈，重叶数层，凡双果，必并蒂。惟此一蒂而结双。梅亦尤物。杏梅花比红梅色微淡，结实甚匾，有斓斑色，全似杏味，不及红梅。

蜡梅

本非梅类，以其与梅同时，香又相近，色酷似蜜脾，故名蜡梅。凡三种，以子种出，不经接，花小香淡，其品最下，俗谓之狗蝇梅。经接，花疏，虽盛开，花常半含，名磬口梅，言似僧磬之口也。最先开，色深，黄如紫檀，花密香浓，名檀香梅。此品最佳。蜡梅，香极清芳，殆过梅香，初不以形状贵也，故难题咏。山谷简斋但作五言小诗而已。此花多宿叶，结实如垂铃，尖长寸余。又如大桃，奴子在其中。

蜡梅（许丽虹摄）

后序

梅，以韵胜，以格高，故以横斜疏瘦与老枝怪奇者为贵。其新接稚木，一岁抽嫩枝直上，或三四尺，如荼蘼、蔷薇辈者，吴下谓之气条，此直宜取实规利，无所谓韵与格矣。又有一种粪壤力胜者，于条上茁短横枝，状如棘针，花密缀之，亦非高品。近世始画墨梅。江西有杨补之者，尤有名。其徒仿之者，实繁。观杨氏画大略皆气条耳，虽笔法奇峭，去梅实远，惟廉宣仲所作差有风致，世鲜有评之者，余故附之谱后。

附三:《梦粱录》卷一八之"花之品"梅花条

《梦粱录》为南宋末年吴自牧所著。该书仿效《东京梦华录》体例,记载南宋临安的郊庙、宫殿、山川、人物、市肆、物产、户口、风俗、百工、杂戏和寺观、学校等,是了解南宋临安城的珍贵史料。其卷一八之"花之品"梅花条,专记两宋时期杭州(临安)梅花及相关诗词名句。由于内容比较细碎,不宜放入正文,兹录于下:

梅花有数品,绿萼、千叶香梅。东坡和秦太虚云:"西湖处士骨应槁,只有此诗君压倒。"又诗云:"江头千树春欲暗,竹外一枝斜更好。"林和靖诗二首:"吟怀长恨负芳时,为见梅花辄入诗。雪后园林才半树,水边篱落忽横枝。人怜红艳多应俗,天与清香似有私。堪笑胡雏亦风味,解将声调角中吹。"又,"众芳摇落独暄妍,占断风情向小园。疏影横斜水清浅,暗香浮动月黄昏。霜禽欲下先偷眼,粉蝶如知合断魂。幸有微吟可相狎,不须檀板共金尊。"戴石屏《咏梅》韵曰:"潇洒春葩缟寿阳,百花惟有此花强。月中分外精神出,雪里几多风味长。折向书窗疑是玉,吟来齿颊亦生香。年年茅舍江村畔,勾引诗人费品量。"王介甫咏曰:"颇怪梅花不肯开,岂知有意待春来。灯前玉面披香出,雪后春容取胜回。触拨清诗成走笔,淋漓红袖趣传杯。望尘俗眼那知此,只买夭桃艳杏栽。"潘紫岩咏曰:"柴门尽日少蹄轮,坐对横窗数点春。心向雪中偏暴白,影来月上亦精神。十分洗尽铅华相,百劫修来贞节身。笑杀唐人风味短,不应唤作弄珠人。"又,《咏落梅》诗曰:"一夜风吹恐不禁,晓来零落已骎骎。忍看病鹤和苔啄,空遣饥蜂绕竹寻。稚子踌躇看不归,老夫索寞坐微吟。窗前最是关情处,拾片殷勤玩掌心。"杨元素《落花》诗曰:"夜来经雨学啼妆,今日摧红怨夕阳。已落旋随春水急,强留还怯晚风狂。应将别恨凭莺语,更把归期趁蝶忙。谁谓多情消不得?梦魂犹惜满栏香。"更诸贤《咏梅》诗曰:"木落山寒独占春,十分清瘦转精神。雪疏雪密花添伴,溪浅溪深树写真。三弄笛声风过耳,一枝疏影月随身。吟魂欲断相逢处,恐是孤山隐逸人。"韩偓《梅花》诗云:"北陆候才变,南枝花已开。无人同怅望,把酒独徘徊。冻月雪为伴,寒香风是媒。何因逢越使,肠断谪仙材。"东坡和

杨公济诗云："绿髩寻春湖畔回，万松岭上一枝开。"学士任希夷《宿直玉堂赋梅边小池》诗云："眼见梅花照玉堂，只将浓绿覆宫墙，虬枝偃盖云千叠，下荫清池玉一方。"

红梅有福州、潭州红，柔枝、千叶、邵武红等种。东坡诗云："寒心未肯随春态，酒晕无端上玉肌。"周必大《在秘书省馆中次洪迈红梅韵》诗云："红罗亭深宫酒迟，宫花四面谁得知。蓬山移植自何世，国色含酒纷满枝。初疑太真欲起舞，霓裳拂拭天然姿。又如东家窥墙女，施朱映粉尤相宜。不然朝云瓶薄怨，自持似对襄王时。须臾胭脂著雨落，整妆俯照含风漪。游蜂戏蝶日采掇，嗟尔何异泯之蚩。提壶火急就公饮，他日堕马空啼眉。"周必大《在秘书省著庭中咏缃梅》诗云："茧黄织就费天机，传与园林晚出枝。东观奇章承诏后，南昌故尉欲仙时。芳心向日重重展，清馥因风细细知。诗志品题犹误在，红梅未是独开迟。"

蜡梅有数种，檀心磬口者佳。东坡诗有"蜜蜂采花作黄蜡"之句。又诗云："万松岭上黄千叶，玉蕊檀心两奇绝。"周必大《咏黄蜡梅在省中次王十朋韵》："化工未幻荼蘼菊，先放缃梅伴群玉。幽姿著意添铅黄，正色向心轻萼绿。妆成自衔风味深，对此宁辞食无肉。方怜涪翁被渠恼，中气悔屏杯勺醁。"

第四节　元代西湖寻梅

历史进入元代。为了清除南宋王朝在江南的巨大影响，在宰相桑哥的支持下，时任江南释教都总统的党项僧侣杨琏真伽在演福寺僧人允泽的协助下，遍掘南宋诸陵，绍兴五云门外的南宋六陵无一幸免，珠宝被劫掠一空，上至皇帝、下至嫔妃的遗骨暴之荒野。据说杨琏真伽还将理宗遗体挂于枝上，倒出腹内防腐水银，撬走口内含的夜明珠，然后砍下理宗头颅，截去颅顶以为饮器。又将六陵遗骨杂以牛马之骨埋于宋故宫之下，并建塔以压之。南宋的这几位皇帝虽算不上圣君明主，有几位也属昏庸之列，但在传统社会中，他们便是国家社稷的象征。在儒家文化影响下的汉人看来，杨琏真伽非辱其身，实辱其国、辱其民，读史至此实在使人长嗟浩叹不已。[①]

杨琏真伽的确丝毫没有顾忌江南汉族人的感受。他要将高宗手书的九经石碑用作塔基，甚至连林和靖的墓也掘了，好在墓穴之中"惟端砚一枚，玉簪一枝"[②]。林和靖有此遭遇，杭州的梅花自然不可能重现南宋时期的繁华了。不过，元代也有士子，杭州也仍有喜吟风弄月之人，杭州的梅花并未销声匿迹。这些梅花袭承南宋的流风遗韵，只是规模气派多有不及。

---

① 杨琏真伽是飞来峰造像的主持者。也有学者认为，由于文化冲突及对异族统治者的痛恨，汉族知识分子对杨琏真伽的行为存在很大的歪曲和误解。此备一说。参见谢继胜、高贺福《杭州飞来峰藏传石刻造像的风格渊源与历史文化价值》，《西藏研究》2003 年第 2 期。

② 《西湖游览志》卷二。

一、《梅花百咏》

谈论元代杭州的梅花，无论如何绕不过冯子振与释明本唱和的《梅花百咏》，这些诗很能反映当时人的赏梅情形，当然其中也涉及杭州的梅。

冯子振字海粟，自号怪怪道人，又号瀛洲客，攸州（湖南攸县）人；明本禅师号中峰，本姓孙，钱塘人氏，出家吴山圣水寺。据《四库全书总目提要》，子振以博学闻名于时，而明本得法于高峰原妙禅师，屡辞名山主持，屏迹自放。据说，一次冯子振至杭州，观看赵孟頫所画梅花，兴启灵明，一夜间写成百首咏梅诗，让赵孟頫十分惊讶。赵孟頫想起好友明本禅师，便引来相见。开始，冯子振对这位僧人有些不屑，见面时出示自己所作《梅花百咏》，颇有炫耀之意，不想明本看后，不一日走笔和成，遂又有了一百首和诗。告别时，明本又拿出了自己所作《九字梅花歌》[①]，子振看后，遂与明本定交。《四库全书总目提要》云："（子振）才思奔放，往往能出奇制胜，而明本所和，亦颇雕镂尽致，足称合璧连珪。"后来整理二人唱和的夏洪基也赞叹："二公真梅花知己也。今其诗裁冰镂雪，摹绘入神，而逸韵藻思，实堪伯仲。于肃愍（谦）诗所称'海粟俊才应绝世，中峰道韵不婴尘'者，岂虚语哉！和靖句不独专美于前矣。"可谓褒奖之至。

相比较而言，冯子振的诗应优于明本所作。这二百首诗涉及梅花的方方面面，可以反映出当时杭州士人赏梅的风尚。诗题中也涉及各种官梅，比如《东阁梅》、《汉宫梅》、《宫梅》、《官梅》、《廨舍梅》等等，但这些作品多是怀古之作，并非写实，所以元代杭州的官梅应该已不再兴旺。这些诗中的梅花有明确地点的有《孤山梅》、《西湖梅》，而冯子振的《老梅》、《古梅》也是明确写孤山梅的：

《孤山梅》：

逋翁老去句空传，寂寞林丘起暮烟。
惟有亭前数株玉，自将开落度流年。

---

① 明本《九字梅花歌》云："昨夜西风吹折中林梢，渡口小艇滚入沙滩坳。野树古梅独卧寒屋角，疏影横斜暗上疏窗敲。半枯半活几个擫蓓蕾，欲开未开数点含香苞。纵使画工奇妙也缩手，我爱清香故把新诗嘲。"此诗只是九字新奇，并未见有过人之处，尤其后四句被唐锜讥笑"有斋饭酸馅气"。参见杨慎《升庵诗话》卷一。

明本和：

种玉西湖独占春，逋仙佳句播清芬。

月明花落吟魂冷，童子何之鹤守坟。

《西湖梅》：

苏老堤边玉一林，六桥风月是知音。

任他桃李争春色，不为繁华易素心。

明本和：

花发苏堤柳未烟，主张风月小壶天。

清波照影红尘外，冷看游人上画船。

《古梅》：

天植孤山几百年，名花分占逋翁先。

只今起草新栽树，后世相看亦复然。

《老梅》：

古树槎牙锁绿苔，半生半死尚花开。

不须更问春深浅，人道咸平手种来。

冯子振看到的孤山梅还有一些老梅，满身绿苔，半生半死，已不知年岁，传说为林和靖手植。南宋时期孤山、西泠一带的十亩梅园似已不知去向，孤山的梅花自开自落，已经逐渐沉寂下来。很少出现在已往诗作中的苏堤白梅却以"西湖梅"的名目出现，也只是一丛而已，这种现象似乎意味着野梅正在成为杭州梅花的主流。

这些野梅有早梅、鸳鸯梅、千叶梅、蜡梅、江梅、苔梅、照水梅等，大多是《范村梅谱》中的品种；从形态上看，又有疏梅、瘦梅、矮梅、蟠梅等。这些野梅散落于何处？有的在山间野地，有的在水边溪畔，有的则被植于庭前、檐下、茅舍旁、书窗前，也有的在僧舍、道院，各具情趣；人们赏梅则多选择风前月下、雪中竹畔等等。

元人与宋人一样，也以老干蟠曲、疏瘦横斜为美。老梅饱经风霜历练，一般都姿态奇古，新梅虽妖娆，却无此风味，所以"要看老树放横斜"（《新梅》）；而桃李之所以无梅的神采，原因之一便是无梅之清逸骨相，"解知桃李难相匹，只为生来骨格粗"（《瘦梅》）；梅之疏朗、星星点点，较桃李之烂漫也

更有潇洒清雅之风，所以明本说："依稀残雪浸寒波，桃李漫山奈俗何，潇洒最宜三二点，好花清影不须多。"(《疏梅》)此非知梅者不能言。所以，梅只在疏影几枝、欲开未开之时最见精神。冯子振虽然喜欢古梅老干蟠曲，但强调以自然为尚，反对人工扭捏，失去梅的本性，所以他在《蟠梅》中说："屈干回枝制作新，强施工巧媚阳春，逋仙纵有心如铁，奈尔求奇揉矫人。"这种人工扭捏而成的"蟠梅"，就是后来龚自珍所说的"病梅"。不过，明本对蟠梅倒是十分欣赏："铁石芳条谁矫揉，从教曲折抱天姿，龙蛇影碎玲珑月，交错难分南北枝。"可见冯子振更爱好天然之美，而明本则喜欢在天然的基础上施加人工的雕琢。

元人欣赏梅花，不但在形的取向上继承宋人，而且在神的追求上也继承宋人，更强调孤高隐逸、抱霜卧雪。如《孤梅》：

标格清高迥不群，自开自落傍无邻。
天寒岁晏冰霜里，青眼相看有几人？

明本和：

独抱冰霜岁月深，旧交松竹隔山林。
英姿孑立谁堪托？惟有程婴识此心。

《山中梅》：

岩谷深居养素贞，岁寒松竹淡相邻。
孤根历尽冰霜苦，不识人间别有春。

《野梅》：

花落花开春不管，清风明月自绸缪。
天然一种孤高性，直是花中隐逸流。

明本和：

烟泊水昏江路迷，香寒树冷雪垂垂。
玉堂梦寐无心到，绝似遗贤遁迹时。

《寒梅》：

山中万木冻欲折，林下幽芳独自香。
怪底孤根禁受得？就中原有铁心肠。

《溪梅》:

古树横斜涧水边,野桥村市独暄妍。

玉堂路杳无心到,堪与渔翁系钓船。

这几首诗立意不俗,写出了梅花标格清高、心如霜雪、英姿孑立的孤傲品性。这些诗作中的梅花并非一味高傲,也有孤芳自怜的,如《江梅》:

若有人兮湘水滨,冷香和月浸黄昏。

自怜不入《离骚》谱,待把芳心吊楚魂。

这株江梅与放翁"驿外断桥边"的梅花又有不同,放翁笔下的梅不求人知,更无争春之意,而这株江梅却为屈原备言兰蕙蓉菊等花,独遗梅花,使自己的美和君子之操未有机会比拟这位诗人的伟大情怀而苦恼。断桥边的梅是苦闷的超脱,而这株湘水滨的江梅则是苦闷的自怜与追求。

诗以立意为先,格调不高,则愈工巧,愈庸俗。这百首咏梅诗中也有立意不高的,比如《书窗梅》:

雪冷香清夜诵时,十年辛苦只花知。

天公有意分蟾桂,先借东风第一枝。

此诗只有前两句可看,后两句格调陡转,面目可憎。十年寒窗,只为一朝折桂,似乎不知道儒家"为己之学"的道理。这位梅窗下的士子,读书只为功名,已经没有梅的清高品性了。

这些咏梅诗中有些写得极清雅,意境悠远。如《琴屋梅》:

《三弄》花间小院深,玉人遥听动春心。

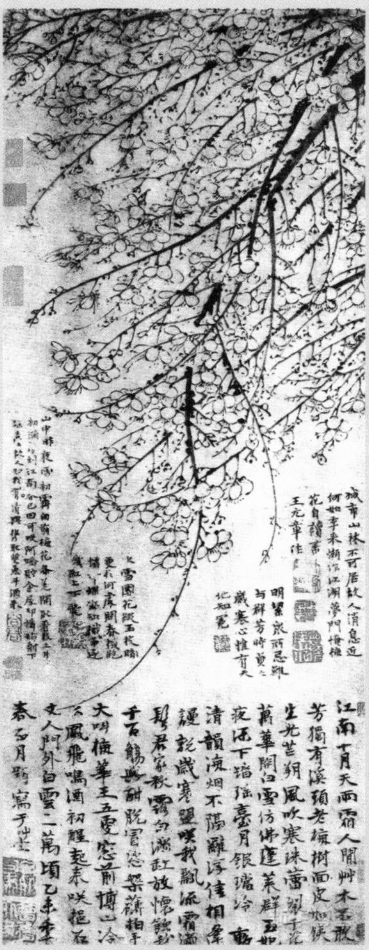

王冕《墨梅图轴》

清声弹落冰梢月，唤起高怀共赏音。

《檐梅》：

依家老树邻书屋，清夜看花睡不眠。
残雪半消寒月上，暗香和影度疏帘。

《盆梅》：

新陶瓦缶胜琼壶，分得春风玉一株。
最爱寒窗闲读处，夜深灯影雪模糊。

总体看来，此二人的诗虽称“合璧”，但似乎冯子振的诗在立意和韵味上都要胜明本禅师一筹。通过他们的唱和，元代杭州知识分子艺梅、赏梅的情味多可想见。

二、画家王冕与西湖梅花

南宋的宫廷院画随着南宋王朝的衰败和灭亡而退出了历史舞台，我们只能从那些存世的作品中依稀窥见它昔日的繁华。元代不再设画院，但是元代的绘画艺术并未就此泯灭，一些身居高位的士大夫画家和一些在野的文人画家继承宋代文人画传统，遗貌取神、简易尚古，也算名家辈出。除了众所周知的“元四家”黄公望、吴镇、倪瓒、王蒙外，还有赵孟頫、钱选、王冕等人。这里我们要说的就是王冕和他眼中的西湖梅。

王冕字仲章，《续高士传》作字元肃，诸暨人。王冕自幼嗜学，家贫无法读书，他就借白天放牛之机偷偷潜入学舍听诸生读书，后来住在寺院里，便每晚坐佛膝上，借长明灯读书。后来游于会稽学者韩性之门，终成通儒。他开始也有仕途之心，但屡应试不第，遂将举业文章付之一炬。此人行事倨傲不群，异于常人，人以狂生视之。著作郎李孝光欲荐他作府吏，王冕很不屑，骂道：“我有田可耕，有书可读，肯朝夕抱案立高庭下，备奴使哉！”其清高如此。吴敬梓的《儒林外史》第一回“说楔子敷陈大义，借名流隐括全文”，就是借王冕的故事敷陈大义。

王冕多才，为人怪异狂放，轻视爵禄。很多人知道王冕善画荷花，其实他最擅长的是画梅，他所画的墨梅已经成为不朽的传世名作。今天杭州永丰巷十三号，二十世纪三十年代曾是杭州人高野侯的中式花园别墅“梅王阁”,之所以命名“梅王阁”,是因为当时高野侯在这里收藏了据说是王冕的名作《墨梅图》。此事后文有述。杭州人爱王冕的《墨梅图》,王冕也爱杭州的梅花。

王冕爱梅,已达痴狂之境。他隐居会稽九里山时,曾种梅千株,筑茅庐三间,题为“梅花屋”,自号“梅花屋主”。如前所述,他善画墨梅。虽然墨梅的画法始于北宋花光寺仲仁和尚,并非王冕所创,与王冕同时的余姚画家吴太素也善画墨梅,也非王冕独擅,但他创造出的“没骨体”画梅法和变宋人的疏枝浅蕊为密枝繁花,则可谓别开生面、独步古今。王冕以气作画,任意挥洒,姿态奇逸奔放,已非尺牍小幅所能羁绊。其所画梅花,仅勾须而不点英,谓之“破蕊”,时人称之野梅,以别于官梅。这些都反映了他独有的艺术气质。

在王冕眼里,梅花并非植物,而是一个人,而且是一位高士。他曾仿太史公写了一篇奇文,即《梅先生传》。所谓的“梅先生”,即是梅华(花)。杨万里的那篇《洮湖和梅诗序》也是说梅史的,相比之下王冕的《梅先生传》则有趣得多,他把历史上很多有关梅和梅姓贤人的典故都编成梅华先辈的故事。而梅华本人“修洁洒落,秀外莹中,玉立风尘表,飘飘然真神仙中人。所居竹篱茅

维修后的梅王阁

舍，洒如也”。梅先生雅与高人韵士游，何逊、宋璟、杜甫、林逋、苏轼等人都是他的朋友，但又因“性孤高，不喜混荣贵，以酸苦自守”，“不能学桃杏辈趋时”，所以终生不用。王冕笔下的这位梅华先生应该是野梅，不是官梅。最后，王冕用太史公的口吻对梅华作了一个总结，也代表了王冕本人对梅花的总体评价：“太史公曰：梅先生，翩翩浊世之高士也。观其清标雅韵，有古君子之风焉。彼华腴绮丽，乌能辱之哉！以故，天下人士景爱慕仰，岂虚也耶！”和陆游一样，王冕将梅花作为自己理想人格的象征。他的性格与梅花颇有印合。

王冕《南枝春早图》

王冕爱梅，更爱西湖梅花，他的很多诗歌(尤其是题画诗)都涉及杭州的梅。王冕来杭州应不止一次，时间在冯子振之后。此时的杭州较元初更显萧条，他在《红梅翠竹山雉图》的题诗中说：“……今年买櫂游西湖，西湖景物殊非初。黄金白璧尽尘土，朱阑玉砌荒蘼芜。东园寂寞西园静，梧桐叶落银床冷。十二楼前蛛丝网，见画令人发深省。”[①]杭州虽已萧条，但西湖尚

① 《竹斋集》卷下。

有清景，梅花亦可寻访。从他留下的不少有关西湖梅花的诗中，我们可以领略西湖和这里的梅给这位潇洒狂放的画家带来怎样的神仙享受：

不向罗浮问醉仙，笑呼孤鹤下吴天。
春风吹散梅花雪，香满西湖载酒船。①
……
西湖昨夜霜月明，梅花见我殊有情。
逋仙祠前尘土清，老鹤彳亍如人行。
天边缥缈来凤笙，玉壶美酒颠倒倾。
酒阑兴酣拔剑舞，忽觉海日东方生。②

不知是否因为王冕到杭州时，杭州别处的梅花已经不多了，他笔下的梅花多只在孤山玛瑙坡一带。

疏花粲粲照寒水，玛瑙坡前春独回。
却忆去年风雪里，吹箫曾棹酒船来。

玛瑙坡前春未来，几番空棹酒船回。
西湖今日清如许，一树梅花压水开。

霜气横空水满川，梅花枝上月娟娟。
却思前载孤山下，半夜吹箫上画船。

瘦铁一枝横照水，疏花点点耐清寒。
雪晴月白孤山下，几度清香拄杖看。③

昔年曾踏西湖路，巢居阁上春无数。
雪晴月白影精神，玛瑙坡前第三树。
虬枝屈铁交碧苔，疏花暖送珍珠胎。

---

①《七绝·素梅》，《竹斋集》续集。
②《题画兰卷兼梅花》，《竹斋集》卷下。
③《七绝·素梅》，《竹斋集》续集。

初疑群仙下寥廓，琼珰玉珮行瑶台。
又疑幽人在空谷，满面清霜髩华绿。
迎风冷笑桃杏花，红绿纷纷太粗俗……①

因为怕误花期，王冕曾在花开之时数度跑到玛瑙坡前探看，终于在一个晴好的日子里，等到了满树的梅花临水而开。天朗气清、碧水漪漪，一树梅花压水开，何等清澈通透！而王冕赏梅，更多是在雪清月白的夜晚，泛舟载酒，伴着悠悠洞箫之声，飘然而至。这玛瑙坡上有一株老梅，铁干虬枝，绿苔满身，一派仙风道骨，素花点点，又似深谷幽人，给王冕留下了深刻印象。

以梅为雅，以桃李为俗，似乎是爱梅人的共识。梅的清雅孤独、傲霜斗雪，在趋炎附势、媚态十足的桃花、李花、杏花那里是没有的。她们妖艳，但不高洁。王冕也有同样的观点，并在诗中言之再三：

潇洒山林惯雪霜，不同桃李竞芬芳。
何缘作得春风梦，一夜吹香到玉堂。

千年万年老梅树，三花五花无限春。
不比寻常野桃李，只将颜色媚时人。②

颜色虽殊心不异，漫随时俗混繁华。
清香吹散乾坤外，不是寻常桃杏花。

老梅标志何潇洒，不与寻常草木同。
可笑燕山人事别，春风只看杏花红。

桃杏漫山总粗俗，旧家池馆尚春风。
道人不作罗浮梦，坐看珊瑚海日红。

山林养得寸心丹，岂是清香不耐寒。

① 《七言长句·梅花》，《竹斋集》续集。
② 《七绝·素梅》，《竹斋集》续集。

王冕《墨梅图》

今日春风好颜色，任他自作杏花看。①

王冕的这种态度源自于他对梅花精神的深刻领悟。他是一位画墨梅的宗师，在他的一幅传世名作《墨梅图》上，题有一首著名的梅花诗：

吾家洗砚池头树，个个花开淡墨痕。

不要人夸好颜色，只流清气满乾坤。②

此画笔墨已属清绝，配上这首诗，则格调愈高，有形，有韵，有神，更有品，诗与画可谓相得益彰。

三、元代孤山的营建

林和靖去世后，人们凭吊这位处士的地方便是孤山林和靖墓，墓在孤山之阴。绍兴十六年(1146)，高宗建四圣延祥观，尽徙院刹及士民之墓。独处士墓，诏勿徙。咸淳间，贾似道题石“和靖先生墓”，金华王庭书，林泳为记。元初，杨琏真伽掘林和靖墓，这一切遭到了破坏。但元朝的一些士人因仰慕林

---

①《七绝·红梅》，《竹斋集》续集。

②《七绝·墨梅》，《竹斋集》续集。

逋高风，对其墓地及其周围进行了营建。先有宪副杨翼修，至元间[①]又有江浙儒学提举余谦重修处士墓。余谦在修墓的同时，补梅数百本，重现孤山梅花旧观，并建了一座“梅轩”。余谦，字峻山，池阳人，善古隶。又有郡人陈子安以处士当日不娶，以梅为妻，无嗣，以鹤为子，既有梅，不可无鹤，乃持一鹤，养于孤山，并建放鹤亭以为纪念。孤山有沟，原名处士沟，集贤学士揭傒斯(曼硕)建处士桥于此。

余谦补梅十年之后，江浙儒学副提举李祁来到了孤山，他先拜谒了前提学余谦所建林逋祠，出祠后登上孤山之巅，发现山顶有人工夯实的痕迹。有人告诉李祁，这里便是林逋巢居阁旧地。李祁抚今追昔，感慨万千，遂决定复其旧观。次年，新的巢居阁落成。登楼一望，四面云树环合，阁出其上，真的如鸟巢一般。李祁遂写成《巢居阁记》，以记其事：

钱塘之胜在西湖，西湖之奇在孤山。而山之著闻四方，则由宋和靖处士始。处士家是山，有阁曰巢居，考之郡志可见。人亡代远，阁宇俱废。前提学余君谦，始复其故地而祠事之。后十年，祁来谒祠下。取径出祠后，履山之巅，见其基隆然而方，意必尝为坛壝者。或语祁曰：“此巢居之故地也。”俯仰今昔，缅然兴怀，乃谋有以复其旧。越明年始成。既成而落之，俯视其下，云树四合，群枝纷拏。而斯阁也，翼然出乎其上，真有若巢之寄乎木末者。于是始畅然曰：吾乃今知处士之所以名斯阁矣！洪荒既远，淳风日漓。而古人之不见，复见处士生乎数千百载之下。高蹈之风，邈焉寡俦。仁义之与居，道德之是求，远荣名乎朝市，守寂寞于樊丘。殆将心古人之心，行古人之行矣。名阁之意，或者其在是乎？嗟夫！古人之与今人，世之相后，若是其辽绝也；志之所趋，若是其乖背也。而能目处士之风，以知古人之尚，使桧巢之俗，犹将仿佛乎见之，则斯阁之不可不复也。审矣，然则祁之所以为是者，盖将寤寐古人，而非徒事游观，从时好也。有谓以时好者，非祁之心也。登斯阁，其亦尚知祁哉！是为记。

李祁慕林和靖有如林和靖之慕有巢氏，皆悠悠思古之心。但全篇未及一

① 元代有两个至元年号，一个为世祖忽必烈年号(1264—1294)，一个为顺帝妥懽帖睦尔年号(1335—1340)。余谦补梅为顺帝至元间。

梅字,不知余谦补种的梅花十年之后怎么样了。

杭州的梅花进入元代之后,最大的变化就是官梅宫梅的整体覆灭。文人士大夫对梅花的热情不减,但也只有野梅可寻。不过,从某种角度看,野梅更加符合士人的审美情趣,也更能体现梅的精神。水边崖畔、庭前屋角,皆可见到傲雪的梅花,仿佛是孤标傲世的士人自己。孤山的梅,作为高洁和隐逸的象征,一直是爱梅人的一个抹不去的情结。他们努力挽留着这里的梅花,也可以说是努力挽留着林和靖。

第二章

水清石瘦肌骨好 霜冷月明魂梦香

——明末清初时期西湖寻梅

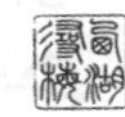

第一节　明代杭州梅花的衰落与复兴

由元入明，杭州的梅花并未马上得到复兴。孤山上的千树寒梅已不见踪影，满山荒芜，林和靖的墓碑也倒掉了，好在尚有有心人将墓碑重新扶起。[①]直到成化十年(1474)，郡守李瑞才又重新修葺了林和靖墓，但梅花并未补种。可见，明朝初年的孤山是何等衰败。

万历年间是西湖梅花复兴的一个转折点。其最主要的标志是今日西湖三大赏梅胜地的确立：新的大型梅园在九里松至天竺一带出现，为日后灵峰梅花的繁盛奠定了基础；西溪梅的地位获得极大提升，成为明清之际杭州人赏梅的新热点；孤山的几次补梅维系着这一小小山丘在中国梅文化史上的璀璨光环。其中西溪梅的兴盛乃是这一阶段的最大特点，其繁盛一直延续到清朝中期。

一、灵峰梅之滥觞

说灵峰梅的源头，还要从九里松至天竺一路的梅花说起。编撰于万历七年(1579)《万历杭州府志》卷三二记载杭州的物产云："梅：种类甚多，惟绿萼者结实甚佳。西湖之梅以孤山为奇绝，然迩来颇不甚多，惟九里松抵天竺一路几万梅，俗称梅园。他处虽繁，皆莫逾此。"《万历钱塘县志》云："梅花天竺为最盛，有千叶梅、重台梅。"从这两条记载看，万历以前，杭州的梅花的确衰败了，具有标志意义的孤山梅竟不多，然而奇怪的是不知何时起九里松

① 南宋董嗣杲有《西湖百咏》，明洪武间，杭州府学训导陈赞为之和韵。其中《和靖墓》的和诗中有"一声老鹤归何处，千树寒梅尽已空。近日杭人谁好事，墓碑扶起棘榛中"。

至天竺一带一下子竟会有几万株梅花，规模之大，令人吃惊，不应称为“梅园”，而应称为“梅海”。万历七年具有如此规模，那么由此上推隆庆乃至嘉靖年间，这里的梅花就应很有规模了。让人费解的是关于这里梅花的记载并不是很多，晚明张景元《九里松小记》、《上天竺小记》言及此地松篁，独不及梅。

万历十八年庚寅(1590)，快雪堂主冯梦祯写《西山看梅记》。提到西山何氏园，文云：“西山数何氏园。园去横春桥甚近，梅数百，树根、干俱奇古，余所最喜，游必至焉。”据《武林旧事》卷五：“横春桥本名横冲桥。”又据《西湖游览志》卷一〇：“行春桥乃横冲桥也……其南为黄泥岭。”可以断定何氏园就在今天植物园一带，此处为西山梅花最盛处，是九里松至天竺一路梅花中的代表。此外，《西山看梅记》还提及上天竺有“大梅二株，可合抱”，这两株大梅可与何氏园中根、干俱奇古的梅树一并视为西山梅最吸引人之所在。灵峰梅真正开始有些名气，要等到清道光年间，由于何氏园地近灵峰，视其为灵峰梅之滥觞可也。

二、西溪梅的崛起

西溪梅自古有之。宋高宗时辟辇道，“斥为皋壤。沟塍鳞次，耕渔栉比，兼饶梅、竹、茶、笋，而香雪十八里，遂成佳话”。[①]释大善《西溪百咏》卷上又说：“古福胜：在西溪安乐山下，石晋天福间建。至赵宋时有僧渊本澄中兴，读书好友，绕寺栽梅。高士迈子山尝题其院，有‘野涧飘来兰气合，家山梦去雪标清’之句，故有福胜梅花之目。”可见，宋代西溪的梅花已小有名气。

但后来西溪的梅逐渐衰落，《万历杭州府志》卷二〇提及法华山的物产时说：“松竹、杨梅、茶笋之盛，法华为最”，也未提及梅花。但不久之后，冯梦祯在《西山看梅记》中就说：“武林梅花最盛者，法华山，上下十里如雪。其次西山。”法华山的梅花迅速超过了规模庞大的西山梅，成为武林之最。所以，万历年间是西溪梅花突然崛起的时期。此后，有关西溪梅花的诗词文章大量增加，盛极一时。

---

① 吴本泰：《西溪梵隐志》卷一。

万历以来，西溪梅的兴起是寺庙、文人、土著居民共同参与的结果。据程杰统计，西溪共有四十五处梅花景点，其中二十处属于寺院产业，十三处为文人的山庄别业，十二处为土著居民所经营。[①]

三、孤山补梅

杭州梅花之盛，以孤山为首功。孤山梅又以宋代为最盛，宋亡至明万历年间，仅余谦的补种有些规模，至明初，这些梅花已经所剩无几。但明人的风雅是元人所不能比的。明人对孤山的营建是继元人而起。入明以后，元人陈子安营建的巢居阁、放鹤亭等皆已毁圮。于是有明佥事杭淮重建放鹤亭，后被毁，嘉靖钱塘令王钺又重建，又毁，崇祯时崔使君又重建，陈继儒为之记。元江浙儒学提举余谦所筑梅轩，明钱塘令赵渊重建，工部主事龚沆、员外郎韩绅又重建。而杭守胡濬则重修了处士墓。[②]

明代孤山最值一书的是孤山补梅之事。万历年间，司礼太监孙隆总理织造，凡上方赐予，悉输为湖山之助，他在孤山补种梅花三百六十株。天启年间，这些梅花又败落殆尽，“和靖故址，今悉编篱插棘”[③]，于是便有王道士欲种梅千树[④]。其后，张燕（侗初）与同社诸君子种梅孤山。崇祯末年，汪汝谦等亦曾于孤山补梅。而张岱于孤山补梅千树，应该是明清之际规模最大的一次补梅。这几次补梅时间间隔并不是很长，说明明代孤山的气候土壤环境已经不是十分有利于梅的自然存活。孤山补梅不易，补梅人虽屡受挫折，但仍努力维系着孤山独有的风雅气韵。

---

① 程杰：《杭州西溪梅花研究》，《梅文化论丛》，第224—226页。

② 参见《孤山志·建置》。

③ 张京元：《孤山小记》，见张岱《西湖梦寻》卷三。

④ 张岱：《西湖梦寻》卷三。

第二节　明代中后期西湖梅花复兴的原因

与宋代赏梅之风兴盛一样，明代中后期西湖赏梅之风的复兴，也有其深刻的历史背景。

一、逃避现实的迫害

明代的知识分子虽比元代有更多的入仕机会，也有更高的社会地位，但与宋代相比，他们所处的政治环境却险恶得多。明代自开国皇帝朱元璋至末代皇帝朱由检，他们的能力姑且不论，其中的很多人要么暴戾，要么多疑，要么荒唐。尤其是明代独有的“廷杖”，辱士尤甚。

自明初方孝孺至明末东林党，有明一代的士大夫经常如行走于刀锋箭镝之间，以“泠风热血，洗涤乾坤”，在青史上留下悲壮惨烈的血痕。很多人将嘉靖年间的“大礼议”视为明代士风的一个转折点。“大礼议”是明代士权与皇权规模最大也是最惨烈的一次抗争，结果不仅有很多官僚当场毙命于廷杖之下，还有更多的人遭到罢职、贬官、流放。虽然此后热衷于仕途经济的知识分子依然很多，但嘉靖年间的一个突出现象就是士人的归隐倾向越来越明显。[①]许多士大夫开始将关注点从庙堂转向山林，从自我约束转向自我认知与精神解放，避世高隐和高品位的燕闲游赏成为许多知识分子的追求。这种价值取向在经济发达、环境优美的江南一带尤为显著。这是中晚明杭州赏梅之风复兴的一个因素。

① 参见左东岭《王学与中晚明士人心态》，人民文学出版社2000年版，第310页。

二、追求个性的舒展

政治环境对学术思想有着深刻的影响，而人的思想又直接影响着人的行为。在中国思想史上，人们常常将宋明并举，这主要是因为明人的主流学术思想基本沿袭了宋人的理学和心学。关于明代学术的变迁，《四库全书总目》卷九七之《朱子圣学考略》中说：

> 朱陆二派，在宋已分。洎乎明代，弘治以前，则朱胜陆。久而患朱学之拘。正德以后，则朱陆争诟。隆庆以后，则陆竟胜朱。又久而厌陆学之放，则仍伸朱而绌陆。讲学之士，亦各随风气以投时好。

明代前期，朱子学占据主导地位，有曹月川(端)、薛敬轩(瑄)等祖述紫阳家法，修养功夫从敬门入，走整齐严肃一路，明于天理人欲之辨。此一路功夫，若最终未能在心地起受用，而又用功过猛，就会使身心被拘，反受其病。当时虽然也有吴康斋(与弼)、陈白沙(献章)等人能于清苦自砺中见得鸢飞鱼跃的气象，但明代前期的学术风气总体上还是以深沉内敛为主，有时学者自律之严近乎苛刻。

正德间，王阳明的龙场一悟宣告了一个新时代的到来。此一悟非个人之悟，而是整个时代的顿然开悟。王阳明没有将自己的思想根植于天理，而是将其根植于自我的真实生命，即本心之良知良能。这是一次思想的大解放，人的心灵由此获得呼吸和舒展，展现出巨大的魅力，因此风靡大江南北。阳明心学有一个副产品，便是“乐”，“乐是心之本体”，“常快活便是功夫”[①]。这与整齐严肃的朱子学风格迥然有异，引导了一时学风。然其末流误认“妄心”为“良知”，猖狂肆行，已非名教所能羁绊，在获得心灵自由之后，没能找到新的方向，遂使社会陷入新的困境，又为朱子学的复兴提供了条件。此处暂且不论。

杭州地处两浙之交，受阳明心学影响深远。嘉靖、万历年间，杭州有位著名的藏书家、养生家兼学者高濂，他的思想便深受阳明弟子王艮的影响，主张怡情养性、养性遵生，所著《遵生八笺》就是“虞燕闲之溺邪僻，叙清赏以端

① 值得注意的是，王阳明这里的“乐”其实是种莫名而微妙之喜，不倚于外物，并非一般意义上的“乐”。

其身心”。以清赏端养身心恐怕是当时杭州士人的共识。通过高濂,我们会理解当时杭州士人的心态,以及他们何以如此注重清赏,虽然我们未必完全同意他们的主张。

在高濂看来,性灵重于事业,人要安于成命,懂得放弃,使得自我生命得以舒展。他说:

> 古云:“得一日闲方是福,做千古调笑人痴。”又云:“人生无百年,长怀千岁忧。”是为碌碌于风尘,劳劳于梦寐者言耳。吾生七尺,岂不欲以所志干云霄,挟剑寒星斗耶?命之所在,造化主宰之所在也,孰与造化竞哉?既不得于造化,当安命于生成,静观物我,认取性灵,放情宇宙之外,自足怀抱之中,狎玩鱼鸟,左右琴书。外此何有于我?[1]

> 能知清风明月为可乐者,世无几人。清风明月,一岁之间,亦无几日。就使人知此乐者,或为俗事相夺,或为病苦障碍,欲享之有不能者。有闲居无事,遇此清风明月不用钱买,又无人禁,而不知此乐者,是自生障碍也。[2]

> 我辈能以高朗襟期,旷达意兴,超尘脱俗,迥具天眼,揽景会心,便得妙观真趣。况幽赏事事,取之无禁,用之不竭,举足可得,终日可观,梦想神游,吾将永矢勿谖矣。果何乐可能胜哉?[3]

在个体生命和道义并不冲突的情况下,突出个体对生命的感受力,对幸福的感受力,乃至实现精神上的高峰体验(大乐),表明一个人对生活品位和生活艺术的追求,其核心是对性灵的认取。人在品味和欣赏的时候,就是在和性灵打交道,在给性灵以滋养,使其有充分舒展和生长的机会。这是生命最重要的任务,是一种自我实现。同时,性灵的舒展和生长又使得体内气机调和,有利于身体健康。身心致和的表征便是油然而生的喜乐,以及一种莫名其妙的满足感。在此状态下,人会与周围的人与物产生某种亲和,由此实现身、心,人、物间的良性互动,实现人与人、人与万物,乃至人与宇宙之间的大爱、大和谐。这是高濂所未言而应有之意。

---

① 《高子漫谈》,《遵生八笺》之《起居安乐笺》上之恬逸自足条。
② 《序古名论》,《遵生八笺》之《起居安乐笺》上之恬逸自足条。
③ 《高子春时幽赏》,《遵生八笺》之《四时调摄笺》。

武林一带山水秀甲东南，明清之际性灵派、公安派文学家多曾结缘杭州,加上以高濂、李渔、袁枚等为代表的文人雅士的推动,使这里的清赏之风大盛。西溪植梅、赏梅,孤山的多次补梅就是在此背景下发生的。

三、居民致富的需要

明代中后期,江南一带的经济有了进一步发展,产生了所谓资本主义的萌芽。经济上的富足,必然将人的生活引向精致,人们有财力、有心情去追求高品位的生活方式,植梅、赏梅也因此有了物质上的保障。同时,西溪一带的"居民以树梅为业",梅子需求量的大增,使农民通过植梅可以获得很好的收入。因此,在嘉靖以前尚不十分著名的西溪梅,在万历间突然繁盛,就与西溪居民和寺院僧侣的大量植梅有关。一些文人雅士参与西溪梅花的种植可能只是为了玩赏,但规模浩大的十八里香雪,则一定是西溪僧侣和居民为了生计大量植梅的结果。

马如龙《(康熙)杭州府志》卷六云:"西溪十八里夹道种梅,巷曲数十万树,惟绿萼者结实尤佳,他处莫及。"这是西溪一带绿萼梅兴盛的原因,又由于这种梅花白萼绿,清逸高雅,为士人赏爱,所以绿萼梅便成为土著居民谋利与士大夫清赏的最佳结合物。然而,当梅子已经不足以成为西溪人的最佳经济来源时,他们的主业也会随之改变,从而导致西溪梅的衰落。

第三节　明末清初时期杭州的赏梅风尚

我们之所以将清初杭州的赏梅风尚与明代并提，是因为入清之后赏梅之风上承明代余韵，不可截然分割之故。

杭州的梅花大盛于南宋，元代至明初逐渐衰落，明代中期开始复兴。但是，明清之际的赏梅风尚与南宋又有不同：一是由于临安是南宋的都城，宫廷苑囿、王公贵族的私家园林以及官府衙门内的官梅不论在规模还是在品种质量上都占有重要地位；而明清之际的梅花则以野梅和家梅为主，西溪一带的大片梅花，多为当地居民种植，他们称未经嫁接者为“野梅”，已嫁接者为“家梅”，法华山一带的梅花都是经过嫁接的，所以都是“家梅”。二是南宋的梅园最大的不过千株，而明代的西山梅、西溪梅的规模动辄数万株，规模要大得多。三是南宋时建的多数梅园主要是为了观赏，而明清之际以西溪一带为代表的土民植梅主要是为了赢利。四是南宋时期，由于王公贵族的参与，梅园多富丽堂皇，赏梅的方式也很奢华，而明清之际士人赏梅则无此气派。五是南宋士人赏梅，除一般审美情趣外，尚能多见梅之傲雪精神，而明清之际士人赏梅则多注重幽雅情趣，而梅之傲骨似不为士人所重。

一、孤山赏梅

1. 孤山建置修复记

有明以来对孤山建置之修复前文已有述及，有佥事杭淮、钱塘令王钺、崔使君等先后重建放鹤亭；钱塘令赵渊、工部主事龚沆、员外郎韩绅先后重筑梅轩；杭守胡濬则重修处士墓。但如此泛泛一说，人们只能知其行，还不能见其心。不见人心，则不能生出感慨，何况孤山非徒以景胜，亦赖文兴。有事、有景、有文，所以有记。笔者不避繁冗，择记文两篇，盖可见时人之所思。

先看明中叶夏时正《重建和靖墓亭记》：

志行于一时，名流于百世。夫名不可以虚作也，或以爱憎而生毁誉，好恶以来褒贬，以伪为者，不亦得以行其私乎！迨乎历世滋久，是非既定，公论斯昭。褒必于其可誉，贬必于其可毁。天理常存，人心不死，孰得而诬也哉！

宋林和靖先生，在真宗时，隐居西湖之孤山。绕屋种梅，吟咏其下。当时知与不知，莫不曰：林，其隐者也。及梅圣俞序其《集》，谓谈道孔孟，趣向博远。会封禅，未及诏聘，不得施用。既老，不欲强起之，乃令长吏岁时劳问。由是观之，其非待贾而沽者欤！真宗甘心天书之妄，侈志封禅。一时逢迎附合，虽以寇准、王旦，犹希承之。旦临殁，以不谏天书，遗令削发披缁，不得殡于正寝。而先生易箦之际，乃有“茂陵他日求遗稿，犹喜曾无封禅书”之句，庶乎正而毙者欤！

踏雪寻梅图

墓在孤山。高宗建四圣延祥,尽徙僧舍民庐,诏墓勿迁。贾似道尝立墓祠。前元儒学提举余公谦重修,而今废亦久矣。墓亦不知在何所。俗传在今三贤祠东北麓,土堆隐起,上有老柏一本,郁然苍翠为是。乃成化十年甲子,郡守郴阳李侯端,稍为芟薙草莱,欲建亭墓上,勿果。去年,工部主事建安龚君沆,使节莅杭,访余巢居阁,颇语及之,慨然捐助。龚君去,而员外郎古胶韩君绅来,从臾成之。太仆丞四明金君湜,篆“鹤言梅梦”四字匾于亭楣。南京刑部郎中项君麒,正书“宋林和靖先生墓”七字,勒石树之亭中。

嗟夫,隐与仕一道,岂二乎哉!君子隐居求志,行义达道。隐而不仕,非有所恶也。仕而不隐,亦非有所恶也。恶乎仕而行不由乎义也。行不由义而仕,逾垣从而乞播,以醉饱也。逾垣乞播,君子所不由也。此长沮桀溺之隐,得无见及此乎!惟长往不返也,斯过矣!其视逾垣乞播,不亦霄壤。已乎!富与贵,是人之所欲也;贫与贱,是人之所恶也。土苴富贵而饴甘贫贱,行不以义,其能之乎?沮溺过矣!其有迹迩沮溺而贞不绝俗如先生者,义耶?非耶?去今五百年,斯名永长者,如龚、韩二君,时乎仕也,其于先生,旷世而相感焉。誉乎?褒乎?一定之论,谓可诬乎?是用书石之阴,以告来者,尚嗣续焉。庶几斯亭之不替也。

夏时正(1411—1499),字尚一、季爵,晚年号留余道人。祖籍慈溪,随父迁居塘栖。明正统十年(1445)中进士,授刑部主事。景泰初升任刑部郎中。成化五年(1469)任南京大理寺卿。颇有政声。后称病乞归,隐居西南山(今云会乡),甚贫。布政司张瓒为筑西湖书院居之。书院火,归慈溪。弘治十二年(1499),布政司杨峻迎还杭州,住归锦坊,颇有著述,成化年间的《杭州府志》便是由他编纂而成。本文所论在进退出处,这是士大夫们极为关注的问题,归隐与出仕正反映了他们内心的矛盾。这恐怕也是为什么出仕之人热衷修隐士之墓的一个原因。

再看崇祯陈继儒《重建放鹤亭记》:

宋承五代余,至咸平、景德,朝廷始无事。能容二三隐君子,点缀太平,如陈抟、种放、魏野以及孤山之林逋是已。余尝读其诗,因考其世。有赐粟帛劳问者,真宗也;赐谥和靖先生者,仁宗也;建延祥观诏徙诸墓,

而和靖墓独留者，高宗也；生而唱和，出俸钱以新其庐者，太守王随也；殁而服缌麻，哭葬于庐侧，刻临终绝句纳之圹者，太守李咨也。林翁本布衣，逗漏声光，渐渐为朝野所物色。粟帛轩车，贲相望于岩穴，岂不婚不宦人之始愿哉！计无可谢客，则放舟于山青水碧间。而家童纵鹤报之，不得已复还矣。予尝笑童与鹤不解事，而又多事。山不深林不密，加以三百六十树梅花，如桃源引入渔郎，而和靖乌能拒客也？虽然，今有司迫于功令，埋没催科中，公署胶庠，不蔽风雨。和靖山泽臞，谁暇过而问焉？吾曾由西泠策杖访之，遇老僧叩曰："揭曼硕建处士桥安在？"曰："但见断沟耳。""王庭书'和靖先生墓'五字，王眉叟、张伯雨作祠堂、庖湢安在？"曰："久蔓荆榛中，皆零星残碣耳。""李祁结巢居阁于群木之表安在？"曰："仅存数武坛壝耳。""余谦构亭，亭圮。而李端、李钺新之，有是乎？"曰："非其故址矣。""郡人于冕、沈恒种梅绕墓，陈子安送一鹤为山中司墓，无恙乎？"曰："梅枯鹤化，游者寂寂矣！"若是，则孤山真孤，隐士可隐。而吾度和靖之灵，尚有不安于此中者，非恨其太寂，恨迩年西湖之太喧，又太垢也。魏珰祠初建第一桥，与孤山邻近。一片洁净地，罨为毒雾腥烟。双鹤有知，必且衔和靖之衣而远去之，以余膻不及为幸。一朝珰败，往时士大夫丧心涂面，称功颂德者，亟欲仆穹碑，铲去官爵、姓字不可得，

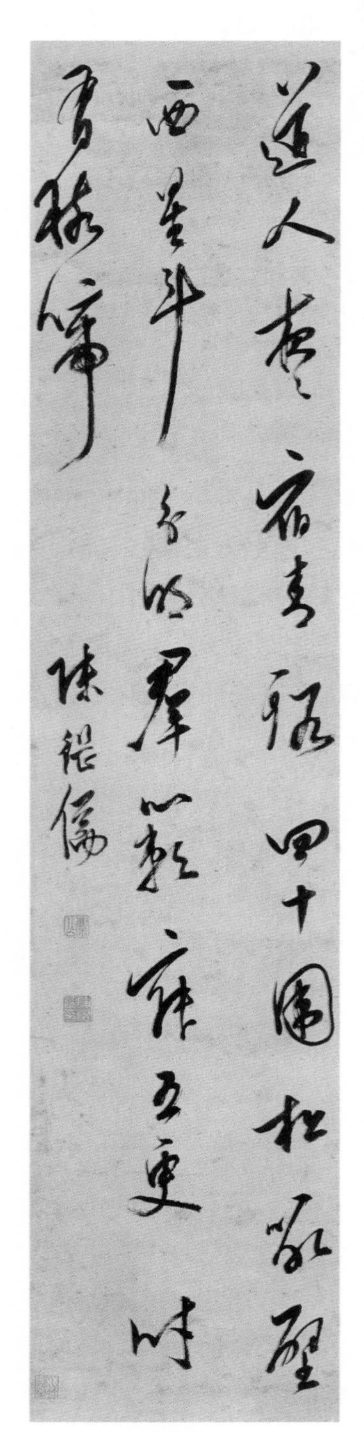
陈继儒手迹

独处士骨虽朽而名香。梅与鹤无一存,而围围皆有生气。孤山如故,冰山竟安在哉!崔使君重建放鹤亭于暗香疏影之内,直将湖山迩年之遗秽荡涤而祓除之。虽谓崔使君为和靖招魂可,为和靖招隐亦可,为和靖起懦而廉顽亦可。如此韵事,岂容复留以逊后人也?崔使君初宰崇仁,不肯作魏祠诗。借漕事中伤,遣缇骑提锒铛,逮至淮。四日闻熹宗晏驾,得生还。今皇帝赐环未久,分司浙中。操守峻,而诗文洁。和靖快心于使君,将无邀苏、白诸公拍肩把袖而还,嬉于此亭之上下乎?若种梅笼鹤,歌咏而流传之,代孤山拾遗补阙,则有使君之子殿生、徐仲麦、陈则梁、顾霖调、汪然明、吴今生在,皆鹤背上人也。是不可以无记。

陈继儒(1558—1639),字仲醇,号眉公、麋公,明末文学家和书画家,华亭(今上海松江)人。屡被荐举,坚辞不就。他也是一位爱梅人,善画墨梅,画梅多册页小幅,自然随意,意态萧疏。曾隐居小昆山,得了隐士之名,而又因经常周旋于官绅间,遂为人所诟病。不管陈继儒是否真的隐士,景仰林和靖则是无疑的。在他的这篇记文中,以问答的方式讲述了孤山兴废的历史,也提及了一些鲜为人知的补梅人,如于冕、沈恒等。

2. 高濂孤山赏梅

孤山已经同林逋一起成为梅花的符号,是爱梅人必往之地。可是,孤山到了明初,不要说宋代的古梅,即便是元代余谦补种的梅花也已难觅踪迹。万历年间,太监孙隆补种了三百六十株。高濂在《遵生八笺》中记载了此事:

孤山旧趾,逋老种梅三百六十已废,继种者,今又寥寥尽矣。孙中贵公补植原数,春初玉树参差,冰花错落,琼台倚望,恍坐玄圃罗浮。若非黄昏月下携尊吟赏,则暗香浮动、疏影横斜之趣,何能真见实际?

这《孤山月下看梅花》,是高濂《遵生八笺》中《四时幽赏》的第一条目,也算是一年中的第一件雅事。但妙笔如花的高濂也只写出"玉树参差"、"冰花错落"等语,而月下吟赏、疏影横斜,也都是老调重弹,无甚新意。若与他在后面写的《苏堤看桃花》相比,更觉其爱苏堤之桃远胜孤山之梅。高濂是当时杭州一带的著名的雅士,他对孤山梅写得如此简单,恐怕与这里的梅花已无昔日光景有关。

其实,高濂赏梅不限于孤山。他似乎对壑谷间的野梅更感兴趣。他尝

跨一匹黑驴,学画中人披红毡衫"寻梅林壑"、沽酒梅边。且看他的《雪霁策蹇寻梅》:

画中春郊走马,秋溪把钓,策蹇寻梅,莫不以朱为衣色,启果无为哉?似欲妆点景象,与时相宜,有超然出俗之趣。且衣朱而游者,亦非常客。故三冬披红毡衫,裹以毡笠,跨一黑驴,秃发童子挈尊相随。踏雪溪山,寻梅林壑,忽得梅花数株,便欲傍梅席地,浮觞剧饮,沉醉酣然,梅香扑袂,不知身为花中之我,亦忘花为目中景也。然寻梅之蹇,扣角之犊,去长安车马,何凉凉卑哉?且为众嗤,究竟幸免覆辙。①

寻梅自与访梅有别。相比《孤山月下看梅花》,这《雪霁策蹇寻梅》似乎更能体现高濂赏梅的情状。

3. 孤山补梅

如前文所述,明代后期,孤山经历了几次补梅。其中张鼐和张岱的补梅,各有一篇文章记其事。时人补梅赏梅风尚,亦可见一斑。张鼐的《孤山种梅序》云:

夫人标物异,物借人灵。古往而今自来,风光无尽;景迁而人不改,兴会常新。是知有补斯完,无亏不满。谁非造化,转水光山色于眼前;繄彼人功,留雪月风花于本地。维昔孤山逸老,曾于瀛屿栽梅。偃伏千枝,淡荡寒岚之月;崚嶒数树,留连野水之烟。自鹤去而人不还,乃山空而种亦少,庾岭之春久寂,罗浮之梦不来。虽走马征舆,闹前堤之景色,奈暗香疏影,辜此夜之清光。是以同社诸君子,点缀冰花,补苴玉树,种不移于海外,胜已集乎山中。灌岩隙而长玉龙,纷披偃仰;罍涧湄而栖白凤,布置横斜。幽心扶瘦骨同妍,冷趣植寒枝共远。西泠桥畔,重开玄圃印清波;六一泉边,载起琼楼邀皓月。非惟借风霜之伴,与岸花江柳斗风光;亦将留山泽之臞,令溪饮岩居生气色。倘高人扶筇扫石,正堪读《易》说《诗》;若韵士载酒飞觥,亦足吟风弄月。使千古胜场,不渝寂寞,将六堤佳境,尽入包罗。岂独处士之功臣,抑亦坡仙之胜友。余薄游湖上,缅想孤踪。策月下之驴,为问山中谁是主;指云间之鹤,来看亭畔几枝花。爰

① 《高子冬时幽赏》,《遵生八笺》之《四时幽赏录》。

快述其良图，用同贻于好事云尔。

万历四十四年(1616)，张蘼将这篇序给周宗建看。是年冬，周宗建移居武林，续张师之志补梅三百余株，次年春，他写了《补种孤山梅花序跋》以记其事云：

丙辰之秋，侗翁张师贻予《孤山种梅序》，受而读之，冷艳欲绝，一往无尽。冬初，量移武林，为吊和靖先生墓。孤亭断碣，零落荒莽，怅然久之。因续张师之志，为辟余地，补种梅花三百余株，并戒道士设藩守焉。嗟乎！逋翁遗韵，千载无恙。而花飞鹤去，顿失旧观。今日得暂收魂魄，聊续遗芳，吾师之言，实开其始。因书此石勒之亭中。为语游士同有是好，慎无过而蹂躏我香国也。戊午春初，吴郡周宗建跋。

后来，性灵派文学的代表人物之一张岱也加入了补梅人的行列，他的《补孤山种梅叙》云：

盖闻地有高人，品格与山川并重；亭遗古迹，梅花与姓氏俱香。名流虽以代迁，胜事自须人补。在昔西泠逸老，高洁韵同秋水，孤清操比寒梅。疏影横斜，远映西湖清浅；暗香浮动，长陪夜月黄昏。今乃人去山空，依然水流花放。瑶葩洒雪，乱飘冢上苔痕；玉树迷烟，恍堕林间鹤羽。兹来韵友，欲步前贤，补种千梅，重修孤屿。凌寒三友，早连九里松篁；破腊一枝，远谢六桥桃柳。伫想水边半树，点缀冰花；待将雪后横枝，低昂铁干。美人来自林下，高士卧于山中。白石苍崖，拟筑草亭招放鹤；浓山淡水，闲锄明月种梅花。有志竟成，无约不践。将与罗浮争艳，还期庾岭分香。实为林处士之功臣，亦是苏长公之胜友。吾辈常劳梦想，应有宿缘。哦曲江诗，便见孤芳风韵；读广平赋，尚思铁石心肠。共策灞水之驴，且向断桥踏雪；遥瞻漆园之蝶，群来林墓寻梅。莫负佳期，用追芳躅。

孤山补梅，乃晚明杭州士人公认的一桩雅事。他们补梅有一个共同的目的，就是追念北宋两位与杭州梅花有密切关系的诗人林和靖与苏东坡，恢复梅花满山的旧日景观，维系孤山梅花数百年风雅气韵。山中高士、月下美人，乃是梅花给他们的主要意向。不过，虽然明清之际杭州士人景仰宋人遗风，风雅不减前人，而执著过之，但和宋人相比，明清之际的士人总给人感觉少了些什么。梅花傲雪的风骨哪里去了？在他们吟风弄月、沉醉花下之时，

我们看到了他们舒展的性灵，也看到了他们的逃避和厌倦。晚明政治环境险恶，国是日非，雪中月下的梅花大概可以减轻他们内心的焦虑吧！

4. 汪汝谦孤山赏梅

汪汝谦(1577—1655)，字然明，安徽歙县人，垂髫之年即卜居西湖。不熟悉晚明历史的人恐怕多不知此人，但在当时，他却是鼎鼎有名。汪是著名的徽商，也以风雅闻名。为人量博智渊，与秦淮八艳中的柳如是结忘年之交。汪有豪气，柳称汪为“黄衫豪客”。二人在崇祯末年往来的三十余通书简，“琅琅数千言，艳过六朝，情深班(婕妤)蔡(文姬)”①。历来被人视为晚明小品文之绝品。柳如是于崇祯十二年(1639)春在杭州居住时，便是住在汪汝谦西溪横山别墅内的书楼里。次年仲冬，柳如是“幅巾弓鞋”扮男装初访钱谦益于半野堂，便是汪汝谦等人的安排。其实，钱谦益和柳如是的故事也与西溪的梅花有些关系，此事留待后文。大明将亡，江南士人尚如此风雅香艳，红楼一梦，生无限凄怆之感。

今人所谓的“孤山不孤”，便是从汪汝谦的《崔徵君使君重葺湖心亭余喜从事和韩太史寄题韵》诗中来。诗曰：“点缀西湖久已无，老坡重现在西湖。玲珑杰阁生蓬岛，掩映长堤列画图。一水空烟随意度，双峰高髻宛堪呼。更将放鹤亭扶起，始信孤山转不孤。”诗中“更将放鹤亭扶起”并非虚言。在重葺湖心亭之前，他们重建了放鹤亭，并要求同流各补梅一树。此次补梅的规模虽远不及同时代的张岱，但也颇称风雅。汪汝谦有诗数首记其事：

数株清冷一山孤，鹤去亭空似可呼。
谁谓逋仙荒落后，只将歌舞看西湖。

澹澹山光漠漠苔，香魂千古断桥隈。
折来莫易伤零落，定有游人岁补栽。

几年不向西泠道，今到孤山手种梅。
绕遍美人埋玉处，声声环珮月中来。

---

① 林雪：《柳如是尺牍小引》。

古树空香别有群，更添疏影逗轻云。
诗人漫写寒酸句，水部风流有使君。

梅花题咏斗清新，丽句还输铁石人。
愧我孤吟难属和，却将轻艇泊为邻。

建亭补梅之后便是赏梅。曾有一次月夜雪霁，吴士权（巽之）邀汪汝谦及画家邹之麟（臣虎）等人孤山探梅，忽然水面飘来一曲悠扬的笛声，雪、月、笛、梅，清冷高远，引发了汪汝谦的诗兴。他先作诗一首，大家次韵。汪汝谦诗云：

春日孤山兴不孤，松间鹤影雪模糊。
亭临烟水浮清浅，径入花阴若有无。
风度香林摇玉珮，光分座客濯冰壶。
一声远笛乘归棹，吹破寒云月满湖。

邹之麟次韵：

小山寄傲也称孤，无壁粘天雪作糊。
鹤放何年飞欲至，梅开此夜看应无。
笛声绕月还三弄，酒意凭寒可百壶。
一片荒亭新勒石，清光长此映重湖。

吴士权次韵：

寂历空亭鹤影孤，烟封仙碣字模糊。
庭梅犹见横斜在，邻笛曾闻寥亮无。
暂奉松髯当玉尘，频催桂魄出冰壶。
清光如此应难负，雪满春山月满湖。[①]

小小一座孤山，真是见惯了吟风弄月之人。今天，我们来到你的脚下，或者站在你的肩头眺望西湖，是否能记起脚下这个小土丘几百年前的雅集，和寒夜月下水面飘来的带着梅香的笛声呢？

① 汪汝谦：《西湖韵事》。

二、西山赏梅

明人所谓“西山”，盖指九里松至上天竺一带。西山的梅花虽云繁盛，但似乎史载不多，前文提及的冯梦祯的《西山看梅记》尚属详细。兹摘录如下：

冯梦祯印

> 武林梅花最盛者，法华山，上下十里如雪。其次西山，西山数何氏园。园去横春桥甚近，梅数百，树根、干俱奇古，余所最喜，游必至焉。庚寅正月……至何园……梅尚含蕊，放者十二三，灿然雪中。香气微馥，乃班坐命酒。同行来生道之方戒饮，而喜人饮，遂与包君角戏。会僧进茶具，有陈饼八枚，曰：“愿以此物代酒，负即啖一枚。”虽互有胜负，而道之啖三饼，几欲呕，众为大噱。夜宿上天竺长生房。厥明，四山戴雪，如万玉峰，清寒扑面。近地有大梅二株，可合抱，开亦未半。徘徊其下，久之而出。一路溪流潺湲，声如戛瑟，然不能如昨暮之壮矣……[①]

这篇小文字数不多，但摹写当时赏梅的情景却十分生动，如在目前。同孤山相比，西山梅的规模虽然大，但名气却小得多。孤山梅的文人气息极重，到孤山赏梅的人多有朝圣的心态，而从冯梦祯的西山赏梅看，来这里似乎要轻松许多，赏梅时可以调笑嬉戏，如同在老友的家里做客一般惬意温暖。

三、西溪赏梅

西溪是明清之际杭人赏梅的最主要去处。《西溪梵隐志》的作者梅里居士吴本泰尝言：“钱塘，三天都之一。江雄罗刹，湖艳西子，名胜甲海内。西溪，一洼水耳，夐古未闻。自宋辇经途，斥为皋壤。沟塍鳞次，耕渔栉比，兼饶梅、竹、茶、笋，而香雪十八里，遂成佳话矣。”[②]盖西溪十八里香雪始自南宋，至

---

①《古今图书集成·方舆汇编·职方典》第九五三卷。

②《西溪梵隐志》卷一《纪胜》。

西溪探梅图

明中后期复大盛。释真一在其所著《梅谱》中云:“法华自方井以西,石人岭下以东,纵横十余里,皆有梅,其成林而情景足媚人意。人一见之,即拊掌欢呼。称赏者尤在嶽庙之西,法华亭之东,与予所居龙归坞。南北村落之间为更盛。”①可见,那时的西溪梅,已不止在宋辇道两边,法华山一带已是纵横十余里的一大片梅海。

西溪的山水淳朴自然,无人工穿凿扭捏之感。风尾森森,秋芦瑟瑟,村落相间,鸡犬之声相闻,古刹梵音,使人生世外之想。此间风味与西子湖大异,张岱《西溪记》云:“(西溪)地甚幽僻,多古梅……其地有秋雪庵,一片芦花,明月映之,白如积雪,大是奇景。余谓西湖真江南锦绣之地,入其中者,目厌绮丽,耳厌笙歌,欲寻深溪盘谷,可以避世如桃源、菊水者,当以西溪为最。”②所以,明亡后此地遂成为遗民遁迹之所。由于当时西溪一带尚属偏远之地,

① 转引自李卫《西湖志》卷二四。

② 张岱:《西湖梦寻》卷五。

杭州城里人于冬尽春初之时，冒寒去西溪赏梅并不是件容易的事，还需要有一点勇气。高濂在《西溪道中玩雪》中曾感叹去西溪行路之苦：“风回雪舞，扑马嘶寒，玉堕冰柯，沾衣生湿……因念雪山苦行，妙果以忍得成，吾人片刻冲风，更想护炉醉酒，噫！虽未能以幽冷摄心，亦当以清寒炼骨。”李渔在《西溪探梅同诸游侣》诗中也说：“行春易聚邻，探梅难结伴。不有耐寒心，宁惜冲风面？自来梅花友，贵少多贫贱。此时投山林，十人九不愿。壮哉吾与汝，忍冻犹欢忭。”西溪赏梅竟成壮举。

1. 冯梦祯与永兴寺“二雪”

万历以来，西溪的独特风味吸引了很多人来此植梅、玩赏和隐居。前文提及的冯梦祯便是其中一位。

冯梦祯(1548—1595)，字开之，秀水(今嘉兴)人。万历五年(1577)进士。官编修，与沈懋学、屠隆以气节相尚。因与张居正不和，以病免。后复官，累迁南京国子监祭酒，为南曹郎劾免，遂不复出。他曾筑室孤山之麓，因家藏王羲之《快雪时晴帖》，故名其堂曰“快雪”。著有《快雪堂集》六十四卷，《快雪堂漫录》一卷，及《历代贡举志》。此人风雅名冠一时，又与西溪有缘，尝筑西溪草堂以为别业。又酷爱梅，在那次西山探梅之后，便经法华至西溪。有《法华山看梅遂至西溪记》记其事：

西山看梅后数日，始晴暖，遂鼓兴往法华山。属妇翁展墓龙居，乃与道之、骥儿同行，步至松木场，从舟而西。先时水涸，不通舟十五月矣。舟小如芥，受四人，一奴、一舟子。溪水清明可鉴，行十五里登岸。跂目所向，无非梅花，带以清流怒湍，修篁灌木。村舍鸡犬，使人意消累释。憩三方庙，村民以祀方神者，而僧居之，傍为佛宇小楼。予三四年前一至，仿佛记忆留茶款坐之僧，当时垂发童也。自登岸，距龙居约三四里。会心处辄休，休辄不能舍去，凡六七休而至。拜谒沈太公墓，午饭于村民蒋老家。予有梅园二亩，在坞口，溪流环之，颇堪卜筑，道之甚乐之。坞中梅花逊坞外，而溪声如一，遂与道之、骥子步至西溪，麟上人出迎，茶饷甚佳。麟居白云流水，其西十数武，即余山庄，有竹、有茶、有泉，大堪栽梅而有待。时已薄暮，返宿麟上人居，妇翁已如约至西溪。予熟游，所谓司空见惯，而道之、骥子颇为尤物所动，欢喜不休，遂欲读书于此。骥方新婚，溺于燕婉，且与道之共忧之。能以泉石息肩，尤可喜也。[①]

此文直接描摹梅花的语句不多，但西溪淳朴的民风和田园般的生活气息扑面而来。西溪民风之淳朴亦可见于吴本泰的《西溪梵隐志》，其卷一“二桥三园梅花泉”条云：“其居人，槿篱竹户，鸡犬不惊；灵果嘉蔬，市隧所给。”西溪之可爱，岂止梅竹。

冯梦祯与西溪永兴寺的两株著名的绿萼梅甚有渊源。据黄汝亨《永兴寺碑记》，该寺为西溪名刹，在西溪市杪、安乐山下，唐贞观年间悟明尊者开山，后几度兴废。《碑记》云：

……（永兴寺）嘉靖间复兴。失其东偏，为万氏祠，而祠又属赵氏。冯祭酒开之倡缘，以七十缗赎还。于是东境始复。僧真麟居禅堂三间，在池左高榆修竹间，碧琅绿雪，翛然可人。池右种梅百本，霏霏晴雪，芳馥林表。冯公因属林上人，并佛宇一新之。冯公素往来此寺，尝叹曰：“此寺非

西溪草堂中的快雪堂

① 吴本泰：《西溪梵隐志》卷四。

惟地居幽绝，僧且朴真无绮妄，非诸山等。即十八里梅花，春时山家焙茶，香闻十余里，亦清胜冠诸丛林矣。”因题曰“二雪堂”。[①]

这篇碑记记载了冯梦祯复兴永兴寺，并在这里植梅的情况，但“二雪堂”之名及其来历却语焉不详。按吴本泰《永兴寺记》的说法，这“二雪”乃是冯梦祯手植的两株绿萼梅，在当时非常有名：

> 万历初，冯太史梦祯延僧真麟饬新之。手植绿萼梅二本，题其堂“二雪”。上有楼，可以凭眺，花时绿雪交柯，满庭芬馥，堪为韵士清赏。亡何，车马络绎，觞俎喧阗，烦恩净地，主僧患苦之。选部吴本泰《看梅》诗：“石缝鸣泉泻竹溪，问梅支策过招提。雪留东郭先生迹，花称孤山处士妻。绿玉四垂侵幌冷，紫茸双本映檐齐。可怜太史风流尽，惆怅遗芳落日凄。”[②]

这“二雪”一名“绿雪”，一名“晴雪”，在当时极为有名。关于这两棵梅树，可说的实在太多。据清人孙之騄《南漳子》卷下“探梅”条：“永兴寺有南宋古梅二株。严沆诗云：‘携笻十里看沙村，老干枯枝月影繁。正是承平当辇道，一时车骑出郊原。’”似乎是指永兴寺这两株梅花乃是来自南宋辇道旁的古梅，吴本泰却说是冯梦祯“手植”，《南漳子》中此条的按语也引吴本泰《梵隐志》证明“无南宋古梅之说”。证明永兴双梅为冯太史手植的证据很多，都未提及南宋古梅，说明不是移植。除吴本泰《永兴寺记》外，释大善《西溪百咏》之《永兴寺》序也云：“(永兴寺)万历初冯太史延端亭麟公重建。太史手植绿萼梅，春时盛开，车马络绎。”历来歌咏这两株绿萼的诗文中，提到冯梦祯的也不少，比如钱谦益、厉鹗等。最有力的证据恐怕来自冯梦祯的学生李日华，他曾写过一首诗《永兴寺双梅为先师冯具区手植》：“琳宫双琼树，手植华阳仙。谭唾缀珠点，文情浮玉烟。光白定僧起，梦香高士眠。孤山根脉在，相为保芳妍。”李日华和冯梦祯的特殊关系使得他的说法很令人信服。后持此论者或都源于此。

不过相反的证据也有。从前文引的黄汝亨《永兴寺碑记》看，黄只言冯留

① 吴本泰：《西溪梵隐志》卷四。

② 《西溪梵隐志》卷二。

题，言及种梅却并未言及绿萼之事，如只记留题，则有果无因，不合章法；后文引王在晋、杨师孔文皆提及这两株绿萼，也都未提及冯梦祯种梅之事。这几个人去永兴寺的时间都比吴本泰为早。另外，与严沆同时的曹溶（二人较吴本泰为晚）写过《永兴双古梅歌》，其中云：

南渡钱塘一抔土，离宫春色凭谁主？
麟鬣龙松拂面迎，辇道只数西溪古。
玉润烟空走丛翳，轻舟仿佛经豺虎。
翠华劫火出招提，游人惯听斋时鼓。
穿阶树作双石蹲，苔形剥尽疏花吐。
城中车马纷然集，岂识老僧心独苦
……生驹杂沓系花下……南枝连蕊遭攀折……

从“城中车马纷然集，岂识老僧心独苦”这句看，这两株古梅就是吴本泰所说的“二雪”，而从曹溶这首诗看，他对这两棵树的来历很清楚，不认为它们是冯梦祯所种，而是来自南宋古辇道。西溪一带绿萼梅并不稀少，即便是名士亲植，如果没有什么特点，也不会在没种下多久便闹到“车马络绎，觞俎喧阗”的地步。所以，我们虽不敢完全确认冯梦祯“手植”这两株绿萼梅，但说这两株绿萼梅“据传”为冯梦祯手植似乎更为妥帖。

后来，由于永兴湖的废弃，这两株梅花被从寺前移植到寺内，到康熙初年便只剩下一株了，而至康熙十五年时，另一株古梅也枯死了。但没有了“二雪”，如何还能称作“二雪堂”呢？所以后人便补种了两株，故陈如松《二雪堂梅》诗云：“为探从前绿萼梅，看他犹似报春回。枝荣非是花原种，香破仍教雪自堆。涧水清流高士韵，山扉寂为美人开。追思太史留题处，翰墨冰魂两伴陪。”

有关这两株绿萼梅的题咏不少。如释大善《西溪百咏》之《永兴寺》云：

溪上开花十里春，寺前车马往来频。
门迎流水环篱碧，径转层林绕殿新。
断尾螺池留圣迹，绿英梅阁集佳宾。
当年闻有谈经叟，今日传衣得几人？

黄启圻《永兴寺看梅》诗云：

荒寒古刹傍岩阿，载酒寻梅唱踏莎。
老干横云苍藓蚀，素魂依月淡烟拖。
亭亭爱伴钟鱼静，得得生憎车马过。
倒挂绿衣香入梦，松风亭畔忆东坡。

陈文述《西溪杂咏》之《二雪庵》诗云：

永兴两株梅，冯祭酒手植。
花开旃檀香，如入众香国。
分明萼绿华，只影暮云碧。

洪瞻祖《永兴寺观绿萼梅》云：

二十四番风始催，霜花对酒伴云堆。
绿珠弟子堪吹笛，放却春心度岭回。

厉鹗《永兴寺二雪堂晓起看绿萼梅是冯具区先生手种》云：

幽人先鸟起，林涧正寂然。
是时春空霁，山翠争便娟。
的的花间雨，澹澹花上烟。
烟雨为合离，花态亦变迁。
祭酒昔游此，手种犹生前。
傲兀根倚石，欹倒枝映泉。
微馨委陈迹，高格同枯禅。
儒官罢亦得，不废招隐篇。
攀花久延伫，世已无其贤。

《西溪梅花已残永兴寺绿萼二株正盛开》云：

春风十日怒于虎，香雪纷纷落成土。
我来恨与花愆期，懒逐闲云入花坞。
一笑逢此萼绿华，冷寺空庭相媚妩。
林端初日开烟霏，皓曜鲜妍世希睹。
花虽无言酬以意，为待幽人来作主。
幽人与世实寡营，捷足纤儿每工侮。
目成色授不嫌迟，却月临风更须谱。

空香入磬韵微茫，枝格横苔影交午。
为花不惜三日留，隔竹一声啼翠羽。[①]

《永兴寺观绿萼梅》云：

西溪风土我所爱，众香国里纷修态。
元章大叫梅花王，永兴二株乃前辈。
竭来日晚佛屋深，竹翠岚阴交晻暧。
无多落照上花梢，赏会令人增感慨。
少年见此全盛时，盈亩空园被花碍。
巡檐斛斛堆绿珠，染袂珊珊泼浓黛。
一株忽受冰雪折，空腹髋然古根在。
扶持不得山僧力，槎枿仍抽冻蛟背。
疏花数点生意回，倔强天教阅人代。
海月多情魂为返，松风相响寒先退。
题诗苦忆东涧老，祭酒亲栽今岂再？
隔溪横笛莫轻吹，一勺清泉向花酹。[②]

《雨中肩舆永兴寺看绿萼而返》云：

篮舆轧轧傍溪隈，野寺看梅又一来。
旧壁诗憎山雨败，危楼花遣午钟催。
两朝双干江南少，碧藓青须竹外开。
折取尚愁添口业，夸人载得绿珠回。[③]

厉鹗像

厉鹗有所不知，即便原来永兴寺绿萼为冯太史手植，到他去看的时候也已“枝荣非是花原种”了。

冯梦祯恐怕没有想到，几十年后，他题的这“二雪”在名士钱谦益笔下竟成了

① 厉鹗：《樊榭山房集》卷三。
② 《樊榭山房集续集》卷六。
③ 《樊榭山房集续集》卷八。

钱谦益与柳如是

秦淮八艳之一的柳如是的象征。前文有述，柳如是曾于崇祯十二年春在汪汝谦西溪横山别业内的书楼里居住，并于次年仲冬在汪汝谦的帮助下与当时的文坛泰斗钱谦益见面，此次会面为晚明的一桩有名的艳事。后来，钱谦益约柳如是杭州赏花，并于西溪横山盘桓了一个月，但柳如是并没有来。按照陈寅恪的说法，"钱氏此次之游杭州，共得诗九首。直接及间接有关于梅花者，凡六首。其中二首，一为当地寺僧，一为当地官吏而作，可不计外，余四首实皆为河东君而赋也。观梅之举，本约河东君同行，河东君既不偕游，于是牧斋独对梅花，远怀美人，即景生情，故此四首咏梅之作，悉是河东君之写真矣"。

《西溪永兴寺看绿萼梅有怀》：

略彴缘溪一径斜，寒梅偏占老僧家。
共怜祭酒风流在，未惜看花道路赊。
绕树繁英团小阁，回舟玉雪漾晴沙。
道人未醒罗浮梦，正忆新妆萼绿华。

《二月九日再过永兴看梅，梅花烂发，仿佛有怀。适仲芳以画册索题，遂作短歌，书于纸尾》：

西溪梅花千万树，低亚凝香塞行路。
永兴两树最绰约，素艳孤荣自相顾。
飘黄拂绿傍香楼，春寒日暮含清愁。
依然翠袖修林里，遥忆美人溪水头。
徙倚沉吟正愁绝，见君画册思飘瞥。
开怀落落生云山，触眼纷纷缀香雪。
羡君画高神亦闲，趣在苍茫近远间。
仲圭残墨泼武水，子久粉本留虞山。
我将梅花比君画，月地云阶吐光怪。
乞君挥洒墨汁余，向我萧闲草堂挂。
草堂深柳净无尘，淡墨疏窗会赏真。
还将玉雪横斜意，举似凌风却月人。

《横山汪氏书楼》：

人言此地是琴台，小院题诗闷绿苔。
妆阁正临流水曲，镜奁偏向远山开。
印余屐齿生芳草，行处香尘度早梅。
日暮碧云殊有意，故应曾伴美人来。

《二月十二春分日横山晚归作》：

杏园村店酒旗新，度竹穿林踏好春。
南浦舟中曾计日，西溪楼下又经旬。
残梅糁雪飘香粉，新柳含风养曲尘。
最是花朝并春半，与君遥夜共芳辰。

汪氏横山别业地近永兴寺，那两株著名的绿萼梅引发了钱牧斋的诗兴，这横山别业又曾是柳如是的居所，故牧斋怅然久之。牧斋的诗"辞意往往双关，读者若不察及此端，则于欣赏其诗幽美之处，尚有所不足也"。陈寅恪当初对第一首诗"正忆新妆萼绿华"之"新妆"二字颇为不解，一夕诵太白"借问汉宫谁得似？可怜飞燕倚新妆"句，因想顾云美《河东君传》曰"君为人短小，结束俏丽"，遂恍然大悟，知牧斋实以赵飞燕比柳如是。又以第二首诗"乞君挥洒墨汁余，向我萧闲草堂挂。草堂深柳净无尘，淡墨疏窗会赏真。还将玉雪横斜意，举似凌风却月人”有“欲贮河东君于金屋之意，情见乎辞矣”。欲知第三首诗的意思，先要知道“云”为柳如是之名，所谓“人言此地是秦台”，实是借杜子美“片云何意傍秦台”之句表达心意。“日暮碧云殊有意，故应曾伴美人来”，糅合江淹“日暮碧云合，佳人殊未来”辞意，语亦双关。[①]如此种种，足见钱谦益之用心良苦。

柳如是、蔡含《雪山探梅图》

柳如是见到钱谦益的诗后，也有两首和诗，第一首《次韵永兴看梅见怀之作》：

> 乡愁春思两欹斜，那得看梅不忆家。
> 折赠可怜疏影好，低回应惜薄寒赊。
> 穿帘小朵亭亭雪，漾月流光细细沙。
> 欲向此中为阁道，与君坐卧领芳华。

第二首：

> 年光诗思竞鲜新，忽漫韶华逗晚春。
> 止为花开停十日，已怜腰缓足三旬。
> 枝枝媚柳含香粉，面面夭桃拂软尘。
> 回首东皇飞辔促，安歌吾欲撰良辰。

当事人自应比后人更解钱谦益的诗意，但陈寅恪的解读实为深刻，恐河东君也不能出其右，这一点从柳如是的诗便可看出。

明清之际，很多高僧名士种的梅花都成为西溪赏梅的胜景。除冯梦祯的“二雪”之外，还有僧智一在吴本泰居处蒹葭里移植的古梅。吴本泰字美子，号药师，又号桶庵，亦号梅里居士，海宁人，寄籍仁和，是《西溪梵

① 参见陈寅恪《柳如是别传》第四章“河东君过访半野堂及其前后之关系”，三联书店2001年版，第632—641页。

隐志》的作者。据周梦坡《西溪秋雪庵志》:"(吴本泰乃)崇祯甲戌进士,平台召对称旨,超擢吏部郎,累迁尚宝司丞。甲申后,隐居西溪蒹葭里,近秋雪、曲水等庵。与僧智一、寂瑞,闽僧道援辈往还参叩。而严征君敏、洪孝廉吉臣,扁舟过泛,相与作芦社之游。张观察懋谦、陆国博之越、沈令君自成,及楚中黄选部周星,时亦买棹过访。园居饶篁竹而乏梅,智一移赠古梅数本,劚地种之。因自号西溪种梅道者。与智一交最深,故撰秋雪庵碑记亦最详。著《西溪梵隐志》,智一亦与编纂之列。"[①]吴本泰还专门作诗二首记智一移赠古梅之事。其一云:

欲结西溪香月邻,衲子饷我罗浮春。
斸破石苔云有种,迸开蜡蒂雪无尘。
啁啾翠羽弄清晓,淡冶玉妃朝上真。
遁思甘与寒芳老,俗杀桃花源避秦。

其二云:

东阁观来殊野兴,西溪移植称山庄。
水清石瘦肌骨好,霜冷月明魂梦香。
素蕊亭亭孤鹤立,疏烟漠漠静琴张。
劳师乞与还相忆,日夕清谈到草堂。[②]

除了吴本泰的居处之外,还有清前期户部郎中张汇的别业西溪山庄、康熙宠臣高士奇的竹窗、清中期章黼的梅竹山庄等地。

2. 林麓梅花

按照程杰的分类,西溪的梅景有林麓村坞之景及湖荡洲渚之景。前者包括宋故辇道十八里梅花,法华寺、法华山十八里梅花,永兴寺绿萼,福胜院香雪径,以及后来章黼的梅竹山庄等地;后者包括沙滩、西溪山庄、高士奇竹窗、余家庄、木桥头、汪庄、河渚(又名蒹葭深处,即今西溪湿地公园主体部分)、曲水庵、魏家兜、大雄山等地。赏林麓之梅既可步行,也可乘竹舆,赏河渚之梅可乘舟船。

---

① 周庆云:《西溪秋雪庵志》卷三。

② 《西溪梵隐志》卷一"蒹葭里"条。

关于林麓赏梅，我们先看万历间王在晋《西溪探梅记》：

出钱塘郭门西行十余里为佛慧寺，山门临沼，潺注流浪，石桥平渡，高望山岭，崚嶒峻峭，樵子野叟，攀冈蹑蹬，影如黑子。出寺而往，行过麓莽，古梅成丛，斜枝劲干，为百年老种。白花平铺散玉，绰约幽芬；琼林瑶岛，晶辉不夜。近之泠泠，清凉沁骨；远之的的，光景动人。昭华之珍，延喜之玉，树头璀璨，色相超尘，山凹林菁，粉香扑鼻，十余里遥天映白，如飞雪漫空，六花乱舞。经行之外，茶林风细，芯蒻生馨，桑枝软柔，梅行间错。北山之背，地面岑寂，大胜山前车马踯躅。此间一丘一壑，真足结庐遗世。灵隐诸峰，亭亭透出而向前，群玉如带拥腰围。翠岫成行，绿衣垂棘，北山之胜胜于此矣！

再行十里许及永兴寺，门径遐僻，林木萧疏，竹栏花坞，逶迤斜径，烟雨万竿，猗猗有斐。小渚当前，有梅林数亩，蓓蕾尽吐，暗香入殿怃，长贡佛前，正是杨枝甘露，点滴芳妍。一池止水，明月澄镜，花神焕发，可避山间风雨，安得世上埃坌，清致绝矣。转入禅堂，绿萼二株，挺然森秀，横斜疏影，透露芳心。玢豳文鳞，碝磩彩致，琳珉青荧，玉颜翠骨，以此入寿阳妆，则娇红嫩绿，妆成粉黛，又不似林间纯白，为雪花延让三分。登楼一眺，淡月朦胧，在太湖石畔矣，僚友雁行，露坐饮酒尽觞，折琼林以为馐，精琼靡以为此，老僧千竹根抽笋，浅烹佐饮，味极鲜新。又闻小池中青螺为祖师点化，头头无尾。头陀取螺送览，果然。则已入《钱塘志》为贞父所登记矣。

迹余榷武林，行尽溪山之胜，而西溪独为流览所不到，盖永兴去城稍远，而武林人铺陈湖山佳丽，未有不说山前而说山后者，游人之所舍，为山灵之所秘，以此较孤山，当为和靖先生所误识，野鹤归来可与青螺并归点化矣。赋诗数章，兴尽而返贞父之佛慧寺而宿焉。

当时去西溪探梅要走很远的路，其中还有很长的山路，所以万历时去西溪的人并不很多，来杭州游玩的人一般至西湖而止。王在晋去永兴寺要走几十里路，白天出发，一路玩赏，到达永兴寺已经是夜晚。沿途林麓梅花十余里，比之“琼林瑶岛”并不为过。永兴寺似乎是当时经行林麓赏梅者必去之处，也是赏梅路线的终点。寺里的那两株绿萼在月下玩赏，应别有一番风味。

天启年间杨师孔的《法华山看梅记》，说的也是林麓赏梅：

余性酷喜看梅。西子湖一片胭脂气味，初至武林，未敢唐突。闻古荡二十里梅花，心神已飞越矣。花盛时，天雨如注，淋漓黯淡，阴云不开，私意谓妒花风雨，差可于桃李场中争胜，岂得碍此冰雪姿耶！于十一日定游期，拉计部谢二兑、李顺嵩、乡绅杨紫沂，决意走绿萼丛中，一畅此神情也。

先期听檐溜淙淙有声，黎明见一碧轻云，四山如黛，山容初浴，溪溜送响，树色花光，俱如晓妆初罢。迢迢一舆，从雨缝中度去，绝不见一沾洒。出郭至昭庆，转松木场，望保俶塔下石一带，渐有山林气色。二三里许，小桥流水，修竹长松，茅屋一两家，掩映于深翠浓阴中。童子村妪，蔽竹窥人，一如武陵人初入桃花源，惊喜相问时也。再三里至古荡，紫沂携家乐候本家庄上。竹径逶迤，茶香正热，指隔溪梅花，数枝如雪，此时已窥见一斑矣。

茶毕，同登笋舆至佛慧寺，一派绿云波荡中，点缀积雪数亩，已自不暇应接。进三四里许，山环径转，竹密松深，梅花千万树，回视舆人仆从，俱在众香国中。梅全以韵胜，不但花萼之奇，芳芬烂漫，即虬枝铁干，潦倒离披，千奇万怪，莫能名状，恐梅花道人持淡墨横拖醉抹，亦当敛衽。土人爱惜本业，花下不容一凡草，松下映竹，竹下映梅，深净幽彻，到此令人名利俱冷。看梅如看画：太晴，枯而不润；太雨，滞而不活。是日，大半阴晴，密云翠霭，聚而复散者几番，一天雨色，悬在眉睫，翩然不坠。如设数重水墨障，以爱惜此仙姿，令吾二三人轻描淡抹，得悉尽此佳趣也。

溪山尽处，忽开广陌，为西溪留下。竹林深处，乃永兴古寺。绿萼两梅，可荫数亩，甃以怪石，蔽云欺日，香雪万重。同紫沂上僧楼俯视，如坐银海。顷二兑、顺嵩先后至，吡侍童治具花底，引满尽醉，咏歌而归。

枕上袭袭，作梅花香气。蚤起，急敕墨卿笔之，以告后来看梅者。①

杨师孔也算是“梅知己”，其谓“梅全以韵胜，不但花萼之奇，芳芬烂漫，即虬枝铁干，潦倒离披，千奇万怪，莫能名状”。又云“看梅如看画：太晴，枯而不润；太雨，滞而不活”，这些都非“酷喜看梅”者不能言。通过杨师孔的描述，我们也可以看出，当时法华山一带虽然有十八里香雪，并非中无杂树，而是

①《西溪梵隐志》卷四。

“竹密松深”，松下有竹，竹下有梅，岁寒三友高低参差错落，“深净幽彻”。而永兴寺的“二雪”太过有名，是不可不赏的。

也有很多诗歌描写林麓赏梅。释大善《西溪百咏》之《法华寺》[①]云：

十里花开万树新，寺梅早发岁初辰。
白葩未吐犹含腊，绿萼先舒已报春。
不与众香争雪色，独怜瘦影问花神。
眼前多少罗浮客，谁是孤山放鹤人？

《辇路》云：

夹道香风拂袖来，绿阴清影两边开。
题门村舍桃花面，攀榭名园桂子台。
是坞有泉皆到水，沿山无处不栽梅。
春深一路红尘起，尽说看花车马回。

《雪山庵》云：

雪山庵外雪成堆，乐静堂前几树开。
早蕊晚红春雾染，红英绿萼晓霜催。
月明借色疑天瑞，涧水留香引梦回。
铁骨只宜同冷意，山居都喜植寒梅。[②]

《福胜庵八咏》之《香雪径》：

闲行花散袖，三径雪光回。冷艳逐云过，寒香流水来。
入林怜竹树，点石饰莓苔。绿萼意何晚，肯随桃花开。

黄汝亨《春日同门人看梅西溪》云：

晴光草木悦，况值放梅时。远近开香径，飘扬竞雪姿。
迎将山屐缓，浮度酒杯迟。归咏林烟上，幽怀晚更宜。

洪瞻祖《从秦亭山济西溪行梅花树中十八里贻所迟客》云：

连山带溪横，二九沿清沘。行共梅花树，四境玉辉里。
脉脉新旸圻，鳞鳞绪风起。写水弄珠出，著岸浮槎倚。

---

① 该诗有序云：“兹山（法华）十八里皆梅，春时盛开，惟寺前花早。”

② 该诗有序云：“（雪山庵）在西溪之西，荆山岭左……有敬乐堂，遍植梅花。”

步陡芳逾袭，村回际未靡。伊余乐林壤，怀禄微三喜。
建德寡民欲，此焉隔嚣滓。阴阳浃淳化，耳目经奇纪。
木古遥岑外，岚晴深涧底。青涂歌白石，劳者忘真理。
弃隶解天游，知常坦幽履。还闻北渚邻，载卜东皋里。
耕贩自成虞，牛马谁为绮。路远君莫从，攀条思无已。

汤右曾《题宝崖西溪梅雪图》云：

沿山十八里，家家种梅树。春来梅花发，绕屋不知数。
回风似絮起，扫石疑雪聚。空外闻暗香，莫识经由路。
其中有清溪，屈曲相贯注。居人通往来，但用略彴渡。
因之车马绝，惟见桑竹互。我少即嬉游，舴艋先群鹭。
朝随樵唱远，暮与僧钟遇。每缘乘兴往，不待佳招赴。
何异桃花源，十步九回顾。蹉跎盛年改，怅望良辰骛。
云中指鸡犬，物外走乌兔。何来披此图，旷若发新悟。
心犹依故处，游尚记前度。连村冰雪晨，漠漠散香雾。
几时三亩宅，真向此中住。汉廷马相如，方诵美人赋。
吾歌紫芝曲，一笑烦顾误。[①]

3. 河渚梅花

在西溪梅花鼎盛之时，即明万历至清乾隆初年，西溪之梅发生了从林麓到河渚的南北迁移。自宋以来，西溪梅花以沿山十八里林麓为主。万历以来，人们所说的“十八里梅花”，是指秦亭、法华至留下的故宋辇道沿线的林麓梅花，人们赏梅也多取陆路，故赏玩不易，高濂等人已言之，路线已见于杨师孔《法华山看梅记》。自崇祯初年开始，很多寺院在河渚一带兴起，河渚遂成为名僧云集，士人避世隐居的好去处，河渚梅花随之日渐兴盛。至康熙中期，辇道与河渚之间的木桥头、余家庄、高庄、西溪山庄等地已经弥望一片，成为主要的赏梅景点，而法华一带的梅花却逐渐在典籍中消失，人们来西溪赏梅，也多取水路，有著名的河渚曲水。但是，此次南北迁移对西溪梅花而言并非好事。梅花并非芦荻蒿蓼之属，对湿地适应能力较差，此次迁移

① 《怀清堂集》卷一三。

成为西溪梅花衰落的一个原因。至清嘉庆、道光以来，秋芦压倒梅花，秋雪取代香雪，名冠西溪。[①]

关于河渚赏梅情味，我们可先看清初刘廷玑所写《西溪香国》：

武林梅花最盛，惟西溪更为幽绝。小河曲邃，仅容两小舟并行。舟可五六人，一坐宾客，一载酒具茶灶。深极处香风习习，落英沾人衣袂。所持酒盏茶瓯中，飘入香雪，沁人齿颊。觉姑苏元墓邓尉，犹当让一头地也。种花人本为射利，而爱花人各具性情，春光成就，能两得之。

抵岸有一道院，院中古梅二株，不知其几何年矣。一红一白，枝干交互，屈曲盘错，亦莫辨其何树为红，何树为白。横枝如磴，可以登陟。予上至颠，则树顶广阔平衍，上设竹榻一具。予乃趺坐高卧，清味透人肌骨，别是一番境界，真香国也。[②]

小舟载酒，穿香雪之海，落英缤纷，繁柯交错如盖，脉脉流水，习习香风，此是何等境界！寥寥数字，河渚赏梅便如在目前。除泛舟赏梅外，刘廷玑还记了一件难得的趣事，足见时人的情味。岸边道观中的两株古梅，一红一白，盘旋缠绕，树顶平阔，道士们竟然会想到在上面放一张竹床，真是妙极！这张竹床恐怕并非放上去的，而是直接在树上搭建。高卧其上，如巢居树间，四周红白梅花环绕，香透肌骨，清风泠泠，真是羽化登仙了！

有关河渚赏梅的诗歌也不少。吴本泰《柏家园看梅》云：

浦溆沿洄沙路迂，石田梅老几千株。
朦胧梵苑开香界，零乱春宫粲雪肤。
芳沁冷泉山鹿饮，梦迷残月野禽呼。
诛茅小筑何年遂？画出幽居梅里图。

吴本泰又号“梅里居士”，所住蒹葭里地近柏家园，故此诗描写的就是他居处附近河渚梅花的景象。另外还有释大善《曲水庵八咏》之《西溪梅墅》：

十里梅花放，门前水亦香。溪山皆逞艳，草木尽成妆。
检点寿阳额，参差水部墙。一枝临小阁，劲骨对寒芳。

① 参见程杰《杭州西溪梅花研究》，《梅文化研究》第226—227页。

② 刘廷玑：《在园杂志》。

西溪梅花(陈江华摄)

释大绮《西溪梅墅》：

孤山狼藉时，此地香未已。花开十万家，一半傍流水。[①]

曹学佺《西溪看梅》：

春云忽度西溪水，溪畔梅花从此始。
残僧寂寂时掩扉，微灭禅灯山雨里。
山雨逶迤沉暮钟，梅花此去几千重。
渡头客问余杭酒，衣上云来天目峰。
数年梦想游天目，谁云路接梅花屋。
今宵鹫岭梦无他，只向龙池看飞瀑。

黄茂梧《西溪落梅》诗：

短棹随飞鸥，引我西溪曲。溪路何潆迂，古梅映深竹。

---

① 《西溪梵隐志》卷三"记诗"。下四首同。

二月雪始晴，春风吹簌簌。翠嶂落寒香，相对眉发绿。

日暮澹忘归，抱影和云宿。

黄茂梧之妻顾若璞《和夫子西溪落梅》诗：

逶迤如西溪，溪深深几曲。断岸挂鱼罾，茅檐履修竹。

翠羽何啁啾，满林香扑簌。晴雪飞残英，坐爱倾蚁绿。

鹿门迹未湮，与子同归宿。

朱梦彪《河渚探梅》诗：

独放西溪棹，因寻曲水梅。品高香早透，性逸色偏皑。

境僻民风古，花深雨露培。春游聊自适，对月且衔杯。

厉鹗《古荡舟中同大宗圣几江皋探梅作》诗：

小船如瓜皮，可坐兼可眠。春山随我行，澹翠何绵联。

竹外一鸡唱，风气太古前。摇摇四诗人，漾入梅花烟。①

《雨中同符幼鲁圣几泛舟河渚看梅，暮至西溪》诗：

春山始可游，逢雨成奇瞩。乱水添鱼梁，奔云出幽谷。

低篷何所诣，荡漾转深曲。回瞻云峰远，前与花林逐。

寒姿媚荒筠，一一事膏沐。因依远人境，摇动沦漪绿。

客有解清琴，雨深音断续。暝色入孤弦，风灯湿茅屋。

去舟尚踌躇，花光看不足。

《柏家园行三四里皆竹树梅花中》诗：

遵途抱町畦，缘林窥嵽嵲。古屋气始暄，闲园地常洁。

梅竹素所饶，衣食理未缺。既得长子孙，还以资妍悦。

丛丛绿云外，斜阳照花雪。烟影望自深，风香渺难说。

行吟觌归禽，安居务新节。暂游如久栖，怅与清景别。

《入河渚泊古梅花下》诗：

春水何缓缓，入浦挐音徐。隔林度山雪，阴云晦潭虚。

摇飏不逢人，几曲心悄如。著船梅花根，崖冷苔痕余。

修篁映寒色，纷然月生初。粼粼影欲流，旷望通前渠。

① 《樊榭山房集》卷六。

忘言寄物外，独往仍相与。日夕风更起，仿佛揽我裾。

《同吴西林泛舟西溪看梅》诗：

缓棹纵遥目，心与春流平。邀侣以事解，得朋因寡营。

峰色烟上霁，竹风沙外清。一夜丛梅发，几处山窗明。

香中林鸟语，引我沿溪行。积翠点残雪，阴淡寒自生。

西崦未云夕，东畬方可耕。稚子冒迎客，花间启柴荆。

《放舟河渚至蒹葭里》诗：

梅花界北渚，流水与花俱。随花入水源，单泛同轻凫。

白云何方来，亭童过艖艄。芳洲始弥漫，倒映如鼓湖。

与子濠梁意，久脱尘事拘。持颐得静观，短楫画菰蒲。

际岸见山影，尚隐残黄芦。湾洄转多态，中沚浮覆盂。

梵放知有人，渔歌忆吾徒。翻然掠波去，淡淡春烟无。[①]

《同吴可堂河渚探梅》诗：

渚中有渚吾旧句，三年重问梅花渡。

人不看花花看人，郑老周郎已泉路。

同行诗客比水曹，情与梅花如肺附。

初过石函三两株，旋转法华千万树。

远蔟渔汀未销雪，近遮山屋才开雾。

香来竹外逆风闻，枝压桥边舍舟步。

繁花乱插天作纸，疏影横眠池是谱。

纵饶画手有汤杨，那比春工多活趣。

平生万事苦蹉跌，花趁晴看亦遭遇。

微吟西日为予迟，游踪又逐寒蜂去。[②]

查慎行《题朱北山西溪梅花图卷》诗：

一篙寒水平杯绿，松木场西凡几曲。

春头腊尾万梢梅，照影横斜散冰玉。

---

①《樊榭山房集》卷八。

②《樊榭山房集续集》卷八。

花时一一为我有，别业西溪曾卜筑。
廿年不到渐疏芜，借与邻僧挂瓢宿。
上番大雪冻连月，闻道摧残到松竹。
可怜老干剩槎枒，有似佳人在空谷。
对君此画增健羡，蟠蠖龙蛇归尺幅。
欣然意到不留手，偶尔图成聊寓目。
春烟欲动气葱葱，夜月斜穿光烛烛。
略施朱粉红间白，力挽冰霜骨胜肉。
恍如幽梦向溪山，洗尽胸中笔端俗。
我今倦游百事废，一壑能专良易足。
相将同赋归去来，花气浮瓶酒应熟。①

4. 磊落生梅花组诗

磊落生，不知何许人也。乾隆年间，杭州画家郑岱曾自称"磊落生"，但此处所引的梅花组诗系出自明末清初夏基所撰《西湖览胜诗志》卷二，所以不会是同一个人。从其文风看，此人可能为晚明之人。明清之际写西溪梅花的人很多，但以这种组诗形式出现的尚不多见，倒也别致可观。

磊落生云：此地梅花最著，游者籍甚。然未闻于梅有笃嗜也。予每当春月，提壶挈榼，混杂游车，应使花神负笑，谓磊生韵人，亦复潦倒如是，予因悔而悟之。故当梅信未真，蚤为探赏，及其已落，复用挽词吊之。正如幽夫贞妇，含情缊结，古人必表其芳烈，庶于花无所恨也。为吟八首。

探梅之一

独卧溪斋烟水寒，暗香偷入梦魂酸。
似疑野信当正月，鹊噪檐头夜未安。

访梅之二

春明冬净雪将微，选步梅园信已非。
村酒半醺山气暮，寒鸦啼送野人归。

①《敬业堂诗集》卷一六。

待梅之三

梅萼初青叶未红，此行尚欲待东风。
清斋无主堪投宿，坐恋花枝啜酒融。

抚梅之四

嫩草乘趺坐万花，花阴片片傲流霞。
孤山道士知何处，欲泛湖头放一槎。

卧梅之五

春风酿雨泛轻舟，片片花飞逐水流。
雪浣枝头清似练，倦来客梦剡溪游。

别梅之六

十日梅园兴已酣，香沉雪尽叶将蓝。
野人有酒须当醉，不醉空归花也惭。

挽梅之七

春老花明竞斗芳，新红嫩绿出园墙。
那知雪骨冰肌女，一别无音忆断肠。

梦梅之八

珠沉玉碎杳无音，水绿山青何处寻？
野叟已辞孤屿月，寒林夜雨泪沾襟。

观其名，赏其文，可知这位磊落生也是一位狂生，笃嗜于梅。他自探梅至别梅一共十日清赏，赏梅之地应是西溪一带某梅园。初因暗香入梦，夜不能寐，遂起探梅之意；次日梅园访梅，花期未到，便在村中饮酒，直至日暮；为待梅开，投宿清斋；待到梅开之时，趺坐碧草万花之间，香云片片，绚烂赛过彩霞，因念及昔日孤山处士，遂起泛舟之意；时春雨绵绵，舟横水曲，花飞片片，枝丫间香雪如练，一时倦意袭来，遂眠于舟中花下，梦里花落知多少；十日后，花期已尽，游兴已酣，于乡间人家醉饮而归；春色渐老，群芳争艳，但昔日雪骨冰肌的梅花仙子已无音讯，未免怅然神伤；梅花已是香消玉殒，青山绿水间难觅芳踪，诗人已与梅花作别多时，这凄雨之夜，只有梦中相见了。磊落生的这组诗单独看来似并无稀奇之处，但连成一片，则成一组哀婉的叙事诗，不徒写梅，更着意写爱梅之情，在梅与“我”中交织，感人尤深。

四、赏花杂论

1. 李笠翁赏梅法

李笠翁即李渔。“笠翁”，其号也。他是明末清初著名的戏剧家，也是一位颇通生活艺术的学者。李渔曾数度居住杭州，前后共约十五年。他曾写过一部《闲情偶记》，专论生活乐趣。林语堂评论此书说：“李笠翁的著作中，有一个重要部分，是专门研究生活乐趣，是中国人生活艺术的袖珍指南，从住室到庭园、室内装饰、界壁分隔到妇女梳妆、美容、施粉黛、烹调的艺术和美食的系列，富人穷人寻求乐趣的方法，一年四季消愁解闷的途径……”这一点，他和高濂非常相似。

《闲情偶记》卷五为“种植部”，其“木本第一”中言及梅花，“种梅之法，亦备群书，无庸置喙，但言领略之法而已”。领略之法亦即赏梅之法，从中可见明清之际的杭州一带士风及他们玩赏的用心处。李渔云：

> 花时苦寒，既有妻梅之心，当筹寝处之法。否则衾枕不备，露宿为难，乘兴而来者，无不尽兴而返，即求为驴背浩然，不数得也。观梅之具有二：山游者必带帐房，实三面而虚其前，制同汤网，其中多设炉炭，既可致温，复备暖酒之用。此一法也。园居者设纸屏数扇，覆以平顶，四面设窗，尽可开闭，随花所在，撑而就之。此屏不止观梅，是花皆然，可备终岁之用。立一小匾，名曰“就花居”。花间树一旗帜，不论何花，概以总名曰“缩地花”。此一法也。若家居所植者，近在身畔，远亦不出眼前，是花能就人，无俟人为蜂蝶矣。然而爱梅之人，缺陷有二：凡到梅开之时，人之好恶不齐，天之功过亦不等，风送香来，香来而寒亦至，令人开户不得，闭户不得，是可爱者风，而可憎者亦风也；雪助花妍，雪冻而花亦冻，令人去之不可，留之不可，是有功者雪，有过者亦雪也。其有功无过，可爱而不可憎者惟日，既可养花，又堪曝背，是诚天之循吏也。只使有日而无风雪，则无时无日不在花间，布帐纸屏皆可不设，岂非梅花之至幸，而生人之极乐也哉！然而为之天者，则甚难矣。
>
> 蜡梅者，梅之别种，殆亦共姓而通谱者欤？然而有此令德，亦乐与联宗。吾又谓别有一花，当为蜡梅之异姓兄弟，玫瑰是也。气味相孚，皆造

浓艳之极致，殆不留余地待人者矣。人谓过犹不及，当务适中，然资质所在，一往而深，求为适中，不可得也。

李笠翁赏梅不可谓不别致，可见他的确是善于求乐之人，但他难免也有虚张声势的嫌疑，故有失做作。林和靖号称以梅为妻，可谓清雅，也只是一番意思而已，而李渔却将此番意思做实，要备寝帐衾枕，还要多设炉炭。当然，这些设施主要是为了取暖。也正是因为这个原因，他认为赏梅时唯一有功无过、可爱而不可憎的唯日，风有过，而雪则功过各半。如此看来，李渔能得梅之韵，却不能得梅之气，也不能见梅之筋骨精神。陆游笔下"雪虐风号愈凛然，花中气节最高坚，过时自会飘零去，耻向东君更乞怜"的梅花在李笠翁这里是看不到了。想花下单衣把酒，于朔风虐雪中狂歌大笑，是何等气象！明代自大礼议至东林党祸，再至甲申乙酉之变，大量士人慷慨赴死，岂无节烈之士？但这些人的悲剧性结局使得很多士人看透了政治，消极避世，醉心于花鸟之下，徜徉于山水之间。因此，明清之际的士风便出现烈与靡的两个极端。李渔恐怕偏向靡的一面。他欲以此书助风雅则可，而欲期其助风化，则恐非其道。[1]

2. 论瓶花及梅花盆景

晚明瓶花及盆景都很兴盛，此二者都可置于几案之上，供人清赏，故为文人雅士所钟爱。梅即可为瓶花，又可为盆景，杭州士人的赏玩自然不会少了梅。

瓶花在南宋时期的临安城已相当普遍，但记载更为详尽的当属明人。晚明公安派文学领袖袁宏道一生钟情于山水花木，对瓶花很有研究，他在所著《瓶史》的"引"中云：

夫幽人韵士，屏绝声色，其嗜好不得不钟于山水花竹。夫山水花竹者，名之所不在，奔竞之所不至也……（余）幸而身居隐见之间，世间可趋可争者既不到，余遂欲欹笠高岩，濯缨流水，又为卑官所绊，仅有栽花莳竹一事，可以自乐。而邸居湫隘，迁徙无常，不得已乃以胆瓶贮花，随时插换。京师人家所有名卉，一旦遂为余案头物，无扦剔浇顿之苦，而有

① 李渔在《闲情偶记》之凡例中提出"四期三戒"，即一期点缀太平、一期崇尚俭朴、一期规正风俗、一期警惕人心，一戒剽窃陈言、一戒网罗旧集、一戒支离补凑。"三戒"是写法之戒，可以做到，"四期"是风化之期，恐非其道。

味赏之乐，取者不贪，遇者不争，是可述也。噫！此暂时快心事也，无狃以为常，而忘山水之乐。石公（即袁宏道之号——笔者）记之。

此为《瓶史》之缘起。文中谈及的花木品种不少，当然不会没有梅花。“梅以重叶、绿萼、玉蝶、百叶缃梅为上”，宜以迎春、瑞香、山茶为婢；蜡梅以磬口香为上，宜以水仙为婢。所谓“婢”者，即指陪衬之花。

《瓶史》自非独为梅而作，但插梅之法与其他花木并无大的区别，故可一并观之。如《器具》：

> 养花瓶亦须精良。譬如玉环、飞燕，不可置之茅茨；又如嵇、阮、贺、李，不可请之酒食店中。尝见江南人家所藏旧觚，青翠入骨，砂斑垤起，可谓花之金屋。其次官、哥、象、定等窑，细媚滋润，皆花神之精舍也。大抵斋瓶宜矮而小，铜器如花觚、铜觯、尊罍、方汉壶、素温壶、匾壶，窑器如纸槌、鹅颈、茄袋、花樽、花囊、蓍草、蒲槌，皆须形制短小者，方入清供。不然，与家堂香火何异？虽旧亦俗也。……尝闻古铜器入土年久，受土气深，用以养花，花色鲜明如枝头，开速而谢迟，就瓶结实，陶器亦然，故知瓶之宝古者，非独以玩。然寒微之士，无从致此，但得宣、成等窑磁瓶各一二枚，亦可谓乞儿暴富也。冬花宜用锡管，北地天寒，冻冰能裂铜，不独磁也。水中投硫磺数钱亦得。

明清之际士人玩赏瓶花的，其器具之考究由此可见一斑。又有《宜称》，论插花的技巧：

> 插花不可太繁，亦不可太瘦。多不过二种三种，高低疏密，如画苑布置方妙。置瓶忌两对，忌一律，忌成行列，忌绳束缚。夫花之所谓整齐者，正以参差不伦，意态天然，如子瞻之文随意断续，青莲之诗不拘对偶，此真整齐也。若夫枝叶相当，红白相配，以省曹墀下树，墓门华表也，恶得为整齐哉？

尚天然之妙，乃性灵派文人的共识，故以“参差不伦，意态天然”的不整齐为真整齐。又有《洗沐》：

> ……夫花有喜怒寤寐晓夕，浴花者得其候，乃为膏雨。淡云薄日，夕阳佳月，花之晓也；狂号连雨，烈炎浓寒，花之夕也。唇檀烘日，媚体藏风，花之喜也；晕酣神敛，烟色迷离，花之愁也；攲枝困槛，如不胜风，花

之梦也；嫣然流盼，光华溢目，花之醒也。晓则空庭大厦，昏则曲房奥室，愁则屏气危坐，喜则欢呼调笑，梦则垂帘下帷，醒则分膏理泽，所以悦其性情，时其起居也。浴晓者上也，浴寤者次也，浴喜者下也。若夫浴夕浴愁，直花刑耳，又何取焉？

浴之之法：用泉甘而清者细微浇注，如微雨解酲，清露润甲，不可以手触花，及指尖折剔，亦不可付之庸奴猥婢。浴梅宜隐士，浴海棠宜韵致客，浴牡丹、芍药宜靓妆妙女，浴榴宜艳婢，浴木樨宜清慧儿，浴莲花宜娇媚妾，浴菊宜好古而奇者，浴蜡梅宜清瘦僧。然寒花性不耐浴，当以轻绡护之。标格既称，神彩自发，花之性命可延，宁独滋其光润也哉？

袁中郎待花如待美女娇娃，他对美的细腻体验能力令人赞叹。不独花可赏，浴花亦可赏。这就如同茶道，茶可品，沏茶的过程和器具更可品味。故此，就有了“浴梅宜隐士”，“浴蜡梅宜清瘦僧”等说法，以其性味相近，相得益彰。又有《清赏》之目：

茗赏者上也，谈赏者次也，酒赏者下也。若夫内酒越茶及一切庸秽凡俗之语，此花神之深恶痛斥者，宁闭口枯坐，勿遭花恼可也。夫赏花有地有时，不得其时而漫然命客，皆为唐突。寒花宜初雪，宜雪霁，宜新月，宜暖房。温花宜晴日，宜轻寒，宜华堂。暑花宜雨后，宜快风，宜佳木荫，宜竹下，宜水阁。凉花宜爽月，宜夕阳，宜空阶，宜苔径，宜古藤巉石边。若不论风日，不择佳地，神气散缓，了不相属，此与妓舍酒馆中花何异哉？

袁中郎爱花更敬花，赏花如对花神，不可唐突。另外，赏花的时间地点也因花性而异。梅花属寒花，故宜初雪、宜雪霁、宜新月、宜暖房等等。但恐如此玩赏，已不止是针对瓶花了。

袁宏道是湖北人，这部《瓶史》也并非写于杭州，但他与杭州因缘甚深，也写过很多与杭州有关的小品散文，而《遵生八笺》的作者高濂则是地道的杭州人，《遵生八笺》也是作于杭州的，其中“燕闲清赏笺”之《瓶花三说》对瓶插花也有论及：

高子曰：瓶花之宜有二用，如堂中插花乃以铜之汉壶，太古尊罍，或官哥大瓶如弓耳壶，直口敞瓶，或龙泉蓍草大方瓶，高架两傍，或置几上，与堂相宜。折花须择大枝，或上茸下瘦，或左高右低、右高左低，或两蟠台接，偃亚偏曲，或挺露一干中出，上簇下蕃，铺盖瓶口，令俯仰、高下、疏密、斜正，各具意态，得画家写生折枝之妙，方有天趣。若直枝蓬头花朵，不入清供。

……冬时插梅，必须以龙泉大瓶，象窑敞屏，厚铜汉壶，高三四尺以上，投以硫磺五六钱，砍大枝梅花插供，方快人意。近有饶窑白瓷花尊，高三二尺者，有细花大瓶，俱可供堂上插花之具，制亦不恶。小瓶插花，折宜瘦巧，不宜繁杂，宜一种，多则二种，须分高下合插，俨若一枝天生二色方美。或先凑簇像生，即以麻丝根下缚定插之，若彼此各向，则不佳矣。大率插花须要花与瓶称，花高于瓶四五寸则可。假如瓶高二尺，肚大下实者，花出瓶口二尺六七寸，须折斜冗花枝，铺撒左右，覆瓶两傍之半则雅。若瓶高瘦，却宜一高一低双枝，或屈曲斜袅，较瓶身少短数寸似佳。最忌花瘦于瓶，又忌繁杂。如缚成把，殊无雅趣。若小瓶插花，令花出瓶，须较瓶身短少二寸，如八寸长瓶，花止六七寸方妙。若瓶矮者，花高于瓶二三寸亦可。插花有态，可供清赏。

……冬间插花须用锡管，不坏磁瓶，即铜瓶亦畏冰冻，瓶质厚者尚可，否则破裂。如瑞香、梅花、水仙、粉红山茶、蜡梅，皆冬月妙品。插瓶之法，虽曰硫磺投之不冻，恐亦难敌。惟近日色南窗下置之，夜近卧榻，庶可多玩数日。一法：用肉汁去浮油，入瓶插梅花，则萼尽开而更结实。

论瓶花的具体插法，高濂所说更为详尽，而袁宏道则偏重品鉴。高濂虽不可谓不爱花，但“砍大枝梅花插供”的做法实在让人觉得粗野。如此一来，瓶花虽然好看，足快人意，而一想到那棵被断去大枝的梅树，便会让人大为扫兴。

明清之际也是盆景制作的繁盛时期。按照高濂的说法，当时有五个地方盆景最为兴盛：南都（今南京），苏、淞二郡，杭州，浦城（今属福建）。由于时人的痴迷，一些名贵盆景“值以万钱记”。盆景小者置之几案，大者列之庭榭。

当时见于盆景中的梅花不少，玉蝶梅、红梅、绿萼等品种多被采用。张岱在《西湖梦寻》中说：“（西溪）多古梅，梅树短小，屈曲槎桠，大似黄山松。好事者至其地，买得极小者，列之盆池，以作小景。”最有名的倒是一种被称为梅，但又不是梅花的“石梅”。这种石梅产自福建，是一种生活在石灰岩上的小灌木，有刺，树干和枝条曲折，造型多姿。由于它生长很慢，所以一般都不高大。其木质坚硬,树心基本石化。开碎花,结小圆果。石梅不易栽培,俗称“下山死”。石梅浸泡剥皮后稍作打磨,会呈现出美丽的纹路,多被今人作为根雕材料。高濂说:“(石梅)乃天生形质,如石燕石蟹之类。石本发枝,含花吐叶,历世不败。中有美者,奇怪莫状,此可与杭之天目松为匹,更以福之水竹副之,可充几上三友。”石梅虽不是梅,但因其有梅姿,故高濂仍视之为梅,与天目松、福建水竹并称“几上三友”。

3. 梅花与饮食

梅最初为人所认识,并非因为其花,而是因为其果。在我国,梅子作为果品和调味品的历史至少有三千年。梅子的食用方法极多,此处不能详述。故暂避梅子不谈,但举《遵生八笺》中梅花的几种食用方法。

(1)暗香汤

梅花将开时,清旦摘取半开花头,连蒂置磁瓶内,每一两重,用炒盐一两洒之,不可用手漉坏,以厚纸数重,密封置阴处,次年春夏取开,先置蜜少许于盏内,然后用花二三朵置于中,滚汤一泡,花头自开,如生可爱,充茶香甚。①

(2)梅粥

收拾梅花瓣净,用雪水煮粥,候粥熟,下梅瓣,一滚即起食之。②

(3)梅花茶

《遵生八笺》中说:“木樨、茉莉、玫瑰、蔷薇、兰蕙、橘花、栀子、木香、梅花皆可作茶”,但并无梅花茶的具体做法。高濂是以木樨(即桂花)为例介绍各种花茶的制法,“诸花仿此”,所以我们可以由桂花茶推衍出梅花茶的制法:

花开时,摘其半含半放,蕊之香气全者,量其茶叶多少,摘花为拌。花多则太香而脱茶韵,花少则不香而不尽美,三停茶叶一停花始称。梅花须去其枝蒂及尘垢虫蚁,用磁罐一层花一层茶,相间填满,纸箬封固,入锅重汤煮之,取出,待冷用纸封裹,置火上焙干收用。③

明清之际的杭州士人极其讲究生活品质,凡事精雕细刻,无所不用其极。

---

①《遵生八笺》之《饮馔服食笺》上“汤品类”。

② 同上,“粥糜类”。

③《遵生八笺》之《饮馔服食笺》上“茶泉类”。为了表述更为清楚,这段引文中的“梅花”是根据原文的意思替换的。

4. 论花荣辱

前文谈及南宋时期的赏梅风尚时，说到张功甫的玉照堂赏梅，此人极爱梅花，曾撰"花宜称、憎嫉、荣宠、屈辱四事，总五十八条，揭之堂上"，对后来爱梅人和爱花人有很大的影响。晚明士人多承宋代风尚，故有模仿张镃《玉照堂梅品》的文字出现。袁宏道和高濂便是其中的两位。

袁宏道在《瓶史》之"监戒"中云：

宋张功甫《梅品》，语极有致，余读而赏之，拟作数条，揭于瓶花斋中。

花快意凡十四条：明窗。净几。古鼎。宋砚。松涛。溪声。主人好事能诗。门僧解烹茶。苏州人送酒。座客工画花卉。盛开快心友临门。手抄艺花书。夜深炉鸣。妻妾校花故实。

花折辱凡二十三条：主人频拜客。俗子阑入。蟠枝。庸僧谈禅。窗下狗斗莲子。胡同歌童弋阳腔。丑女折戴。论升迁。强作怜爱。应酬诗债未了。盛开。家人催算账。检《韵府》，押字。破书狼籍。福建牙人。吴中赝画。鼠矢。蜗涎。童仆偃蹇。令初行酒尽。与酒馆为邻。案上有黄金白雪、中原紫气等诗。

燕俗尤竞玩赏，每一花开，绯幕云集。以余观之，辱花者多，悦花者少。虚心检点，吾辈亦时有犯者，特书一通座右，以自监戒焉。

花快意乃是助兴，花折辱则是扫兴。其实并非是花的兴致，而是旁观者的兴致投射到了花这里。非是我观花，我即花也。当时京师附庸风雅的人很多，花下论升迁、强作爱怜的人很多，赏花时节肯定扫了袁宏道的兴致。

高濂在《遵生八笺》之《起居安乐笺》上里有一篇《拟花荣辱评》，其文如下：

高子曰：花之遭遇荣辱，即一春之间，同其天时，而所遇迥别。故余述花雅称为荣，凡二十有二：其一、轻阴蔽日，二、淡日蒸香，三、薄寒护蕊，四、细雨逞娇，五、淡烟笼罩，六、皎月筛阴，七、夕阳弄影，八、开值晴明，九、傍水弄妍，十、朱栏遮护，十一、名园闲静，十二、高斋清供，十三、插以古瓶，十四、娇歌艳赏，十五、把酒倾欢，十六、晚霞映彩，十七、翠竹为邻，十八、佳客品题，十九、主人赏爱，二十、奴仆卫护，二十一、美人助妆，二十二、门无剥啄。此皆花之得意春风，及第逞艳，不惟花得主荣，主亦对花无愧，可谓人与花同春矣。

其疾憎为辱，亦二十有二：一、狂风摧惨，二、淫雨无度，三、烈日销烁，四、严寒闭塞，五、种落俗家，六、恶鸟翻衔，七、蓦遭春雪，八、恶诗题咏，九、俗客狂歌，十、儿童扳折，十一、主人多事，十二、奴仆懒浇，十三、藤草缠搅，十四、本瘦不荣，十五、搓捻憔悴，十六、台榭荒凉，十七、醉客呕秽，十八、筑瓦作瓶，十九、分枝剖根，二十、虫食不治，二十一、蛛网联络，二十二、麝脐薰触。此皆花之空度青阳，芳华憔悴，不惟花之寥落主庭，主亦对花增愧矣。花之遭遇一春，是非人之所生一世同邪？

这两篇文章都是将花视为美人甚至花神，将自己视为花之知己，传花之喜恶。其实，这也是借花之口，传递自己的品鉴和审美情趣。花之荣，为赏花人之所喜；花之辱，为赏花人之所恶。这就是心理学中所谓“投射”——将我投射于外物；又有所谓“移情”——将对人的态度转移成为对花的态度。投射和移情在经典心理学中常被视为心理防御的手段，但我们在这里看到的不是防御，而是敞开，是人与花融为一体。

在中国历史上，晚明是个性格相对张扬的时期，这无疑是受了阳明心学的鼓舞，因此这一时期的“异端”也颇多。这些“异端”人士同文化保守主义者的激烈辩论，使得这一时期显得有些混乱和难以驾驭。“求异”有时的确能见人之所不能见，为人之所不能为，也会使人格外脱俗，独具道眼。人们赏梅也常追求异于他人，袁宏道、高濂、李渔等人莫不如此，其新奇、细致不独见于赏玩本身，也见于议论。

提及赏梅，人们自然是去赏花，也有爱其奇古横斜的树形枝干的。有人不赏冬春之梅，而赏夏梅之叶，以赏梅之花者为趋炎附势之人。他便是与袁宏道同时的竟陵派文学代表人物钟惺，他写过一篇《夏梅说》：

梅之冷，易知也，然亦有极热之候。冬春冰雪，繁花粲粲，雅欲争赴，此其极热时也。三、四、五月，累累其实，和风甘雨之所加，而梅始冷矣。花实俱往，时维朱夏，叶干相守，与烈日争，而梅之冷极矣。故夫看梅与咏梅者，未有于无花之时者也。

张谓《官舍早梅》诗所咏者，花之终，实之始也。咏梅而及于实，斯已难矣，况叶乎？梅至于叶，而过时久矣。廷尉董崇相官南都，在告，有夏梅诗，始及于叶。何者？舍叶无所谓夏梅也。予为梅感此谊，属同志者和焉，

而为图卷以赠之。

夫世固有处极冷之时之地，而名实之权在焉。巧者乘间赴之，有名实之得，而又无赴热之讥，此趋梅于冬春冰雪者之人也，乃真附热者也。苟真为热之所在，虽与地之极冷，而有所必辩焉。此咏夏梅意也。

竟陵派的文风向来以幽深孤峭著称，此文也是典型的“竟陵体”。钟惺有感于董崇相的《夏梅》诗，以其为赏梅知己，故此作画了一幅夏梅图，并写了此文以酬和同志。读钟惺此文，可知他颇有梅性，梅之性人冷我热，人热我冷，不同于桃李杏花般争春附势，“幽深孤峭”也是野梅的情味之所在。文以梅花喻“处极冷之时之地，而名实之权在”的人，以赏梅花者为企图“有名实之得，而又无赴热之讥”的“巧者”，这些“巧者”于冬春之际冒着风雪去赏梅，似乎不畏严寒，超然风雅，但实际上却是地地道道的趋炎附势之徒，而且更为虚伪。钟惺真是世间的冷眼人。

不过，读者也不必将钟惺的文章看实，认为赏梅花者必定是趋炎附势之人，他只是借题发挥以为讽喻而已。相对而言，爱梅人趋炎附势者较少，因为物以类聚，人以群分，是气类相感之道，梅本身就是不喜凑热闹的，也感召不喜热闹的人。袁宏道、高濂等人也非趋炎附势之辈。但我们也不排除当赏梅已成为风尚时，有不爱梅的人附庸风雅，夹杂其中，此辈确有趋炎附势之嫌。他们让人想起袁宏道《瓶史》“花折辱”中的“强作怜爱”，故算不得真正的爱梅人，而是辱花人。

辱花人还有那些有权有势的贵人公子，另一位晚明文学家王思任（季重）所讥者正是此辈人物，他们附庸风雅，拗梅之天性。他在《梁山人梅花诗序》中云：

贵人公子，贮金屑而醉兰膏，翘然自以为得矣，而天壤间有一种踽踽冷士，视之一吷也。颜回甘其巷，原宪甘其堵，於陵仲子甘其井，侯生甘其门，而汉阴丈人甘其瓮。或老其须，或鸡其皮，或槎枒其骨，或支离其体，或拥肿其躯，或偃仰其卧立。彼皆欲自放其天于幽清介独之地，一或尘处，即以为大溷耳。是故桂可得而宫也，莲可得而沼也，菊可得而家也，牡丹、芍药可得而幕也，兰芷、辛夷之属可得而盆之盎之也。惟梅花不可入富贵之堂，而富贵之人往往欲窃附其韵，强册之以春魁，媚名之以琼玉，虚崇之以盐鼎。彼以为大辱，奈何哉！便我擎跽连拳于粉墙香埒之下，供人耳目玩也！不得已，宁惟是道院僧篱寄一枝耳……

从此文看，王思任与钟惺一样有双冷眼，难怪人们将其归入竟陵派，但也有人因其主张独抒性灵，归之于袁中郎的公安派。不过，其狂傲谐谑的一面又是两家所不及，可见王思任也颇有梅性。这篇文章反映了他内心深处的不屈之意，外放浪而内坚卓，也是晚明一类士人的性格写照。

王思任(1574—1646)乃山阴(绍兴)人氏，他数过杭州，写过《游杭州诸胜记》，其中谈及孤山梅鹤，认为“圣之清者，在花木为梅，在禽鸟曰鹤”。他也曾留恋西溪山水，有诗云：“寻梅踏破绿溪烟，溪上晴光处处妍。花信无心传野客，幽情似约到山巅。巡檐每索骚人笑，绕阁长依老衲眠。独恨春风情太薄，重来不复续前缘。”故他也与此地有缘。南明灭亡，权臣马士英曾欲趋绍兴避难，王思任作书以拒之，云：“吾越乃报仇雪耻之国，非藏垢纳污之区也，职当先赴胥涛，乞素车白马，以拒阁下。上干洪怒，死不赎辜，阁下以国法处之，则当束身以候缇骑；以私法处之，则当引颈以待锄麑。”今日读来，血脉为之贲张。他在《于忠肃墓》诗中说：“涕割西湖水，于坟对岳坟。孤烟埋碧血，太白黯妖氛。社稷留还我，头颅掷与君。南城得意骨，何处暮杨闻？”清兵攻破绍兴城时，王思任闭门不出，大书“不降”二字，最后绝食而死。临终前，连呼三声“高皇帝”，为他的一生画上了悲壮的句号。人谓晚明士气浮软，然于此天崩地解之际，赴难殉国者如此之众，恐非“浮软”二字可以概言。

5. 明清之际杭州的梅花主要品种及释真一《梅谱》

明清之际杭州的梅花品种似乎今天并不能看到确切数字，释真一的《梅谱》既然谓之“谱”，可能会有统计，只是这部著作我们未能见其全貌。倒是高濂的《遵生八笺》中提及了当时的梅花品种[1]，只是我们不能断定他的统计是否全面。

高濂列出了七种梅花，除了“寻常红白之外，有五种。如绿萼，蒂纯绿而花香，亦有不多得。有照水梅，花开朵朵向下。有千瓣白梅，名玉蝶梅。有单

---

① 《遵生八笺》之《燕闲清赏笺》下卷《四时花纪》。

金农梅花图

瓣红梅。有练楝树接成墨梅。皆奇品也，种种可观。”在范成大的《梅谱》中，绿萼尚属难得，但高濂的时候应该不少了，后来西溪一带的梅花，尤以绿萼为主，高濂说“亦有不多得”，恐是未至西溪的缘故，抑或西溪的绿萼当时尚未被大量培育。“有练树接成墨梅”则恐是高濂耳闻。俞宗本《种树书》云：“苦楝树上接梅花，则成墨梅。”高濂的说法恐怕源于此，但这种嫁接方法通过今天的实验并不成功。①

关于蜡梅，高濂列出三种：“今之狗英腊梅，亦香。但腊梅惟圆瓣如白梅者佳，若瓶一枝，香可盈室。余见洪忠宣公山庭有之，后竟灭殁。今之圆瓣腊梅，皆如荷花瓣者，瓣有微尖。仅免狗英则可。”这里的“狗英”即《范村梅谱》中所谓“狗蝇”。高濂列出的另外两种圆瓣蜡梅并无正式名称，但据其描述，“圆瓣如白梅者”，香气极浓，可能是《范村梅谱》中所谓“磬口梅”或“檀香梅”

① 参见石声汉《对嫁接的一些揣测性解释》，《植物生理通讯》，1963年第5期。

(“磬口梅”中花心紫色的为“檀香梅”)。“如荷花瓣者”可能是指“素心梅”，素心梅又称“荷花梅”。

释真一是法华山一带的僧人，曾撰《笋梅谱》(《西溪梵隐志》称“梅笋谱”)。据《四库总目提要》:“真一居杭州法华山龙归坞，其地多笋，梅花亦极盛，因各为作《谱》，书成于天启七年。”但《提要》中也只是列出书目，《四库》中并无此书。今天，我们只能从李卫所编《西湖志》卷二四中看见摘引的少部分内容：

法华自方井以西，石人岭下以东，纵横十余里，皆有梅，其成林而情景足媚人意。人一见之，即拊掌欢呼。称赏者尤在岳庙之西，法华亭之东，与予所居龙归坞。南北村落之间为更盛。

其梅列为三等：为老梅、中梅、嫩梅。至今日，法华之成林可观者，皆已接之梅也。自十年二十年已上者，断其中腰，取已接梅树上，嫩枝接其本间，掩以土，裹以竹箨，不一月而嫩枝生。然须春时发生之候，其接木之人亦须少年有旺气者。若老年衰残之人，便少生意。梅在三十年以上者，便不堪接，接亦多不活。土人称未接梅为野梅，已接梅为家梅。

这部《笋梅谱》应是当时杭州梅花的重要文献，可惜的是我们不能见其全貌。从这段文字的第一部分看，主要是说天启年间西溪法华山一带梅花的规模。第二部分可以看到当时西溪土著居民通过嫁接培育梅花的情况。当时法华山一带的梅花多是土著居民通过嫁接而成的所谓“家梅”。当时，三十年以上的就称为“老梅”不堪嫁接。有趣的是接木之人还要是“少年有旺气者”，时间要选在“春时发生之候”，都是要借助生气。这在今天看来，是件很有趣的事。

这位真一禅师赏梅也与众不同。据《西溪梵隐志》卷二“龙归院”条：“无用(真一字)师每俟梅花谢后，独往观之。邻人疑问，师笑曰：‘吾惟爱其劲骨。’”他对梅的古逸枝干情有独钟，倒是位不爱梅花爱劲骨的爱梅人。

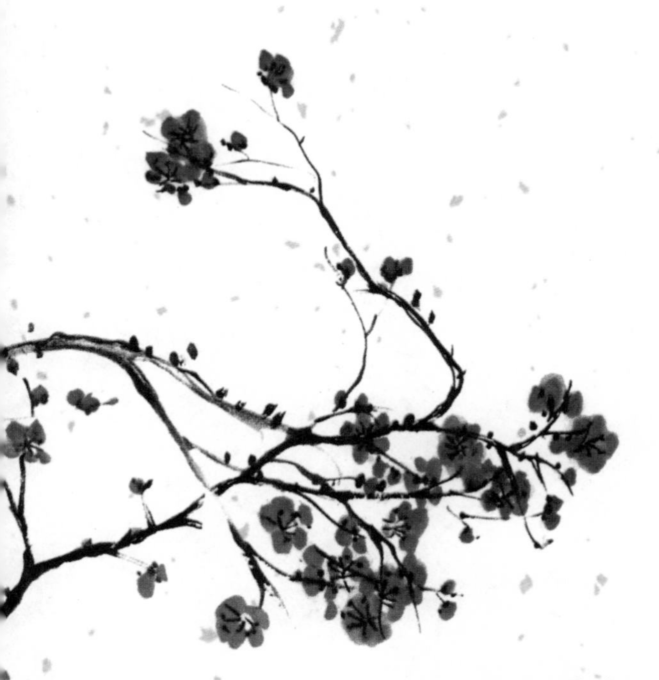

无补时艰深愧我 一腔心事托梅花

——清代中后期及民国时期西湖寻梅

清中期至民国，西湖的梅花随着西溪梅的由盛转衰而渐趋没落，虽然孤山依旧有人不断补植梅花，灵峰也逐渐确立新的赏梅中心的地位，但由于战乱等原因，这一时期的西湖梅花已难与宋明时期相提并论。人们若想观赏十里梅海，在西湖周围已经不可能了。不过，杭州人依旧爱梅，西湖依旧流传着新的爱梅人风雅的故事。

第一节　清代中后期西湖寻梅

一、西溪的山庄草堂与梅花

明清之际，西溪以其独有的风韵逐渐为士人所向往，尤其在甲申前后，由于此地尚属僻远，更是吸引了很多躲避战乱的士人来此筑屋栖居，不独梵隐也。虎林钱朝彦在吴本泰《西溪梵隐志》的序言中云："甲申乙酉间，长

西溪巡梅图

处其中……凡诸胜流、诛茅、泄烟之处，无论绳床竹几、笠钵灯香，即片瓦寸椽，无不自为幽古。以为天生此一片地，供人栖遁。”但明清之际，天崩地解，西溪岂能独善其身？所以八、九年之后，“(余)向所羡拏云耸壑之苍虬，与离离鸾凤之尾，仅十存其一二。所不随变乱为灰劫者，惟诸梵音清构”。西溪虽然未能完全躲避劫火，但劫后的西溪依旧恢复了它的淳朴和幽雅，官僚士大夫的庄园遂再次复兴。

自宋代以来，西溪便是士人结庐隐居的好去处，至明清期间士人的小筑别业更是星罗棋布，如冯梦祯的西溪草堂、邹师绩的泊庵、胡介的旅园、刘雪符的淇上草堂、吴本泰的蒹葭水庄、江元祚的横山草堂、傅廷岳的宝树山庄、徐介的贞白斋、陆氏三兄弟的陆庄、蒋炯之蒋村草堂、张汇的西溪山庄、高士奇的西溪山庄(竹窗)、陈文述的秋雪渔庄、章黼的梅竹山庄等等。它们多半简陋，规模也比较小，未必有多么的舒适性，但其营造的心理空间和文化空间可谓巨大。[1]

这些山庄别业与梅花关系比较密切的有汪庄、西溪草堂、蒹葭水庄、贞白斋、西溪山庄、竹窗、梅竹山庄等。其中永兴寺旁西溪草堂的主人冯梦祯、蒹葭里蒹葭水庄的主人吴本泰等人与梅花之事前文已经谈及，此处不再赘言。

汪庄最初的主人是汪元亮。据李卫《西湖志》：“汪元亮别业后归少詹事邵远平子锡荣，匾曰‘就山堂’。面临大池，绕池古梅数百本。有小亭，曰半弓堂。前绿萼花一枝，古干成香片，若虬龙夭矫，青枝倒垂，形如飞凤，花开时俨如雪翅。西溪园林皆有梅，而奇古可爱，自永兴寺绿萼而外，此梅实为之冠。”这株梅树“青枝倒垂，形如飞凤，花开时俨如雪翅”，而永兴寺绿萼在吴本泰笔下也只是“绿雪交柯，满庭芬馥”，汪庄绿萼如此倾倒，却自逊于永兴寺，可惜对“二雪”题咏者甚多，却少有如此历历在目的描写。

贞白斋的主人徐介，一字狷次，著有《梅花百诗》。孙之騄《南漳子》卷下“探梅”条云：“徐孝先，明末遁迹荒野，白衣冠者五十年。居西溪，在梅花万树中。每春时，落英委土如铺雪，先生醉卧其上，惠风徐来，飘花被体，与衣冠一色。”《南漳子》卷上“村落”条又云：“魏家兜，梅林数千株，景趣萧远。徐狷次

① 参见周膺等著《西溪隐秀》第四章“溪居宜月更宜秋”。

云：‘梅英粲然，琼瑶比洁。’沈晴川云：‘春时一望，鲜白如飞雪。’”将这两条合在一起看，可以推测出贞白斋就在魏家兜。旧时因此地多梅，有“魏家兜梅花”之目。徐介“白衣冠者五十年”，酷爱白梅，以“贞白”名斋，的确不误。“梅英粲然，琼瑶比洁”也是他孤傲无尘的人格写照吧！

清代前期，被称为“西溪山庄”的有两个，一个是户部郎中张汇的别业，又称“张庄”，另一个是康熙宠臣高士奇的别业，又称“高庄”。[①]康熙二十八年(1689)，康熙南巡亲临高庄，亲笔题写“竹窗”二字，故高庄又有“竹窗”之名。张汇的西溪山庄在东岳庙西，李卫《西湖志》卷九云：“(西溪山庄)地广七十亩，池半之，梅约五六百本。”可见其规模与梅花之盛。《南漳子》卷下“探梅”条云：“柴氏庄，今之张庄，在小木桥，柴子云倩居焉。有《梅花绝句》，篇各一题，语无重复，想其亭园所构，梅几百种矣，惜余未见耳。”说明乾隆间张庄的梅花已经衰败了。同样的证据来自厉鹗，他在《西溪山庄晓起看梅》中云：“入望林端白，幽禽出竹飞。地偏春作主，花好客忘归。香气濛初日，横枝近翠微。逃禅工画本，千树见应稀。”[②]在《西溪山庄重有感》中又云：“长生何药试洪炉，拣尽溪山住得无？芳草不知人事改，寒梅半逐世情枯。洗妆阁圮辞春燕，吹笛廊空有夜乌。剩取

高士奇印

赐号竹窗

① 此说据程杰。他认为：“(高氏竹窗)地近张氏西溪山庄，因高氏诗题自称‘西溪山庄’，今人多与张汇西溪山庄混为一谈，实是两处。李卫《西湖志》、乾隆朝许承祖《雪庄西湖渔唱》、厉鹗诗、陈文述《西湖杂咏》中‘高氏竹窗’与‘西溪山庄’都分指。”(参见程杰《杭州西溪梅花研究》，《梅文化研究》第221页。)另外，《南漳子》中云：“柴氏庄，今之张庄”，并未云柴氏庄与张庄中间有高庄，关于“高庄”，《南漳子》云：“自岳庙至木桥，过太平桥不里许，为高士奇庄”，也似乎说明张庄和高庄地近，但并非一处。而周膺在《西溪隐秀》中云，西溪山庄前身为柴庄，高士奇卒后家业中衰，西溪山庄为刑部尚书华亭张照(并非《西湖志》中所云户部郎中华亭张汇)所得，改称张庄。张照从孙张详河在《关陇舆中偶记编》中记载：“杭州西溪由秦望山而入至高庄。康熙朝高江村宫詹士奇请驾，幸赐‘竹窗’二字，令余姚吕吉文焕绘成《西溪图卷》。后为先文敏别业，因名张庄。余于道光丙午(1846)秋重访其地，仅存七亩。前后两方堂水竹未荒，村人以养鱼为业……吕卷今归余，瞿颖山所赠。”(参见周膺《西溪隐秀》第77—78页)证据似颇为直接。二者孰是，待考。

② 《樊榭山房集续集》卷六。

重修后的“高庄宸迹”

曲池堪照影，几回闲绕更踌躇。”从“千树见应稀”、“半逐世情枯”两句看，厉鹗生活的时期张庄和这里的梅花已经开始衰败了。

关于高士奇的竹窗，《南漳子》卷上“宸游”条云：“自嶽庙至木桥，过太平桥不里许，为高士奇庄。先帝车驾至西溪，赏临其地，御制御碑，士奇碑文。题西溪山庄，以‘竹窗’二字书赐高士奇：‘花源路几重，柴桑出沃土。烟翠竹窗幽，雪香梅岸古。’”可见梅竹为这里的特色。陈文述《西溪杂咏》之《高氏竹窗》云：“江村昔归田，此间曾卜宅。溪上翠华来，御书映寒碧。竹外一枝斜，古梅有高格。”康熙、乾隆年间，临近竹窗的余家庄、木桥已成为西溪梅花最盛之地，故方象瑛《河渚探梅记》云：“武林梅花旧称西溪，近时惟余家庄最盛。”厉鹗《始游木桥，是梅花最盛处（地近高氏竹窗）》云：“略彴旧通舟，幽径缘溪回，青山似迟客，一一花上来。迷濛始难辨，的皪惊已开。仿佛合江路，五分春信催。此地感兴废，豪贵荒池台。不改蚕渔户，并花分水隈。晴昊少风雨，

① 此部分关于《梅竹山房诗钞》的引文皆转引自周膺《西溪词境》和《西溪隐秀》。

古树多莓苔。愿就余杭姥，吟玩倾深杯。”高氏竹窗附近恐怕是西溪梅花最后的阵地吧！

梅竹山庄的主人是章黼(1777—1858)，关于他本人的事迹，文献中记载很少，但从道光年间《西湖岁修章程全案》中可知，他是当时开浚西湖的重要人物之一。魏谦升在《梅竹山庄诗抄》的序中对其生平有简略介绍："章君次白，以诗鸣于时者数十年，而君则不以自负，盖其少时树帜文囿，踔厉风发，期致身承明著作之庭，以抒其所蕴，不谓自举优行。一试京华，连不得志。为有司选为松阳学官，以职去忧。及娄权浙东诸学，皆造士有声。舟车往还，诗得江山之助。又监理西湖书院，董浚湖工，日挹两峰之秀，诗境益进矣。"[①]盛时霖则在序中说："(章黼)生平笃于风义，视朋友为性命。"我们由此可见其生平之大概和性格。

梅竹山庄建于嘉庆元年(1796)，山庄既以梅竹为名，梅竹自然是此山庄的特色所在。王宗炎在《西溪梅竹山庄图咏》的序中说："钱塘章子次白，有山庄在西溪之阴。幽邃清旷，多古梅修竹。疏花先春，丛篁后署。章子城居奉亲而力于学，不能时时往山庄，而心乐之。"陈桐生的序言则云："梅竹山庄者，同年次白尊兄读书游息之所也。占北郭之名区，擷西溪之胜概，六桥三竺，逊此幽妍；辋水蓝田，无其旷朗。入桃源之路，鸡犬皆仙；过栗里之居，桑麻俱古。半村半墅，可读可渔。一壑一丘，如图如画。斯真栖汲之上游，云霞之息壤也。"不同于其他山庄的是，章黼请了数位当时有名的画家作《西溪梅竹山庄图》，先后有

章黼像

奚冈(绘于嘉庆八年)、高树程(绘于嘉庆十年)、费丹旭(绘于道光二十七年)、戴熙(绘于咸丰元年)等人,所以有多幅《西溪梅竹山庄图》传世。[1]道光十七年(1837),章黼还将观画留题之作刊刻出版,名曰“《西溪梅竹山庄图》题咏”,其中颇有写梅之句。章黼本人也有很多关于梅竹山庄的诗作,由其子章明府集辑成册,即《梅竹山房诗钞》。笔者未能见到这部著作的全本,只在周膺等编的《西溪词境》中见到少许诗作,《诗钞》中本有十六首《梅竹山庄观梅》诗,但《西溪词境》中仅见一首,也不是直接描写梅花的。另外一首《探梅》诗云:“今冬雪盈丈,压树成枯枝,梅老有奇骨,岁寒不改姿。绝无人到处,恰好日斜时。春意偶然觉,幽禽应未知。”不知此梅是否为山庄之梅。不过,从四幅《西溪梅竹山庄图》及相关题咏看,这里的梅花虽然依旧幽雅可人,依旧丛丛茂盛,有七里梅林之盛,但早已没有当年十八里香雪海的气象了。

奚冈《梅竹山庄图》

① 关于这几幅画作,参见周膺《西溪隐秀》第四章。

二、西溪梅花的衰败

如前文所述,明末清初,西溪的梅花发生了由林麓向河渚一带的转移。河渚一带人口密集,梵宇林立,梅花也随之繁盛,而林麓一带的梅花逐渐衰败下去。清中期,一些士人爱西溪的淳朴清幽,在河渚一带结庐建造庄园,并种植了大量梅花,维持着西溪梅花的繁盛和风雅。然而,由于这里水网密集,并不适合梅花的生长,所以这次转移成为西溪梅花衰落的一个原因。

《西湖志纂》卷一云:"(西溪)居民以树梅为业,花时弥漫如雪,故旧有西溪探梅之目。然地皆沃壤,宜稻、宜蔬、宜桑、宜竹,其水宜鱼,多菱荷葭菼之利,民风近朴,高僧畸人往往结庐其间,非独以梅花著胜也。"此为康熙二十八年(1689)事。从这段记载中我们可以看出,当时西溪的居民虽以树梅为业,但由于西溪土地肥美,适宜种植的作物很多,梅花也不独专美了。尤其是当种植梅花利润不再丰厚时,梅花的种植便会衰败下去,而为新的作物所替代。清代中后期西溪同苏州邓尉"香雪海"的情景差不多,都发生了桑蚕业挤压梅花种植业的现象,地主庄园也日渐凋敝,至民国时期"梅林已悄悄变为桑田矣"①。西溪的梅花暂时沉寂下来,等待着新的历史机遇。

三、清代中后期杭州人赏梅风尚

由于西溪的偏远,对大部分杭州人来说,在西湖一带赏梅更为方便。范祖述《杭俗遗风》之"时序类"有"西湖探梅"条,颇有风味:

> ……春正二月,梅花大放,城中士女,坐船游赏。其船有兰言舫、半湖春等各名目,长可四五丈,内有三舱,有玻璃屏坑,两边玻璃,和合窗槛,大红小呢门帘,其中铺设华丽,点缀精工,身入其境,直拟天上仙宫。船中更包酒菜,另有伙食船只,随旁而行,烹调之美,不可方物。此等船中,亦有吹弹歌唱者,亦有挟妓饮酒者。梅花之盛,莫过孤山、金沙港二处。孤山为宋处士林和靖先生隐居之所,其墓在也。有巢居阁一所,放鹤亭一座,白鹤一双,梅花三百六十株,回栏曲槛,高下栽植。道光间,福建林少穆先生,任杭嘉湖道事,大加修葺。故每逢花开,有本道衙门禁止攀

① 见陆曾蕃《西溪秋雪庵》诗之注。

费丹旭《梅竹山庄图》

折告示，每树悬牌一块。其上为西泠财神庙，有剧分作会祀神饮福者，亦复不少。金沙港正殿供关圣帝君，其后殿静室水阁等处，前后回廊天井，共栽有百十余株。其余虽有，不及二处之多。但西湖中最大之船，不过三四十号，其余之船，名“撑摇儿”，每船可容坐四五十人，此为搭船。自涌金门搭至圣因寺前，往回均钱五文。小划船容坐四五人，船价亦然。若乘舆骑马，出清波、凤山门，走苏堤，由南至北；出钱塘门，走白堤，由东至西，无不面面皆通。湖上馆店有五柳居，入南宋志书者，陆有闲福居、间乐居四处，肴馔酒果，珍馐咸备，惟醋溯鱼一种，西湖独擅其长。吃茶，则庐舍庵，兼售西湖白莲藕粉。馒头则岳坟面馆，盐甜均美。其余各式摊场，无所不有。而圣因寺前，则更热闹。放风筝，则行宫门口。看碑帖，则岳王庙中。西湖尤有土产一样，名曰“刺菱儿”，童子以划船采取，剥而卖之，形同菱角，大如蚕豆，其味鲜美，此亦世所仅有之物也。

在范祖述的笔下，西湖探梅如同一个艳丽、光彩、盛大的节日，令人陶醉。《杭俗遗风》这本书写作时间应该在同治初年，太平天国运动被镇压之后。由于太平军曾经两次攻占杭州，昔日花柳繁盛之地遭到了前所未有的浩

劫，范祖述觉得有责任将此前杭州的升平景象记述下来，留给后人。他在该书的序中说："兹所记者，不过一切俗情。故曰'杭俗遗风'。忆自道光年间起至咸丰以来三十年中，其制作之瑰丽，享用之奢华，千方斗巧，百计争妍，实有愈出愈奇之势，可称尽美尽善之观。兹于咸丰庚申辛酉，粤匪两次窜陷，男女除殉难几至百万外，其余皆被掳杀，间有先游他省以及被胁逃出者，已十不获一矣。所在山水之胜，景物之华，莫不蹧蹋殆尽，蹂躏荡然，可胜悼哉！后之慕此名者，不几无所考乎？予既生逢其时，亲睹其盛，故将美景良辰，逢场作戏，以及一切风土人情，详悉缕叙，庶使真情实事不致湮没无闻。虽非有关世道之文，亦足以见升平之盛，于以知夫天堂之喻非诬云尔。"

所以"西湖探梅"所记是咸丰庚申(1860)以前，杭州未遭破坏时的情况。那时，西湖一带赏梅之地有二：一是孤山林则徐补种的三百六十株梅花，二是金沙港一带所种百十株梅花。论梅花规模，西湖不能与西溪相比，但论游人兴致，则不在西溪之下。时人赏梅，意不止于赏梅，更像是在游湖，吹拉弹唱无所不至，种种美食，更助游兴。这种繁华热闹在偏僻的西溪是没有的。

四、灵峰探梅

灵峰探梅，地在灵峰山下青芝坞。后晋开运年间(944—946)，此地建有灵峰寺(鹫峰禅院)。明万历初年，灵峰寺附近尚有不少梅花，当时以梅花闻名的何氏园便在附近，据冯梦祯《西山看梅记》，当时有一些居住于何园的僧人，便是从灵峰寺移居于此。但后来这里的梅花除了传说中的隐仙庵古梅之外，便很少见于史籍了。

重修西湖北山灵峰寺碑

道光二十三年(1843)，固庆(号莲溪)以杭州副都统佐统浙军。其父在嘉庆年间曾出资修复灵峰佛殿，固庆旧地重临，感慨系之，遂发心重修灵峰寺，并在山园内环植果木数百本，以期"异时秋时春花，别饶生趣"，尤以梅盛。数年之后，

灵峰探梅

蔚然成林,成为杭州人赏梅的新去处,遂有“灵峰探梅”之目。[①]

咸丰己未(1859)上元后二日,名流陆小石邀陈觉翁、汪铁樵、魏滋伯、高饮江、诺庵、慧闻等十八人小集于灵峰寺,由杨振藩(蕉隐)绘《灵峰探梅图》,为水墨山水长卷。这幅画对灵峰梅花产生了重要影响。流传下来的《灵峰探梅图》题咏在周庆云的《灵峰志》中有很多,现从中摘取两首长诗,当日灵峰探梅的盛况历历可见。一首为作画者本人杨振藩的诗:

春游喜清宴,天朗风日晴。良友偶见招,邀我出湖城。
篙师向烟溆,荡漾白鸥轻。舍舟陟山麓,三五各同行。
径仄复回曲,沿溯溪流清。绕涧夹溪梅,虬枝绽红英。
老树森槎枒,野鸟惊人鸣。逶迤度崇岭,一笑山僧迎。
重造远公庐,敷坐就南荣。宾主两相忘,野服杂簪缨。
计年及千岁,眉寿齐籛彭。挥毫吐云烟,酣饮吸长鲸。
暂息去来缘,止观即无生。逃禅非所慕,好爵岂要名。

① 参见周庆云《灵峰志》卷三“固庆”条及卷四上《重修西湖北山灵峰寺碑记》。

欢聚当及时，勿为来者萦。归途屡回顾，登览有余情。

寥天发虚籁，万壑来松声。

另一首为杭州名绅丁丙所作：

山睡春忽醒，翠眉舒粲然。梅花共索笑，相伴无言禅。

陆子有遐兴，偶作随喜缘。探梅约旧雨，新岁尘事捐。

青芝秀深坞，残雪余峰巅。竹密暗藏时，涧曲幽鸣泉。

来叩远公室，社同参白莲。冠簪与巾钵，十八东林贤。

画梅杨补之，觅名陈无已。魏舒乐山居，汪伦契潭水。

同访藐姑仙，更约参寥子。饮酒时中子，逃禅聊复尔。

翳余皆素心，重公达尊齿。至言为心声，含宫忽变徵。

大招半国殇，几人返乡里。叫绝梅花魂，高山空仰止。

根据丁丙这首题诗的夹注："探梅在庚申三月五日，越二十余日即城陷。"[①]咸丰庚申、辛酉两年，杭城先后两次被太平军攻破，经历了前所未有的浩劫，丁丙兄弟冒了极大的风险组织抢救文澜阁的《四库全书》，但灵峰的梅花并未有此幸运，在战乱中遭到毁灭性打击。后来很多的题诗都提到"劫火"，而戴启文的题诗中有"冷香销尽玉梅魂，焦土堪怜一炬焚"之句，可见"劫火"二字是有实指的。

灵峰的梅花在战乱中被太平军付之一炬，灵峰探梅的首倡人陆小石家衣物均被抢掠，图书画卷亦为之一空，但这幅记载着此次雅集的《灵峰探梅图》却安然无恙，被陆小石之子陆有壬于咸丰辛酉(1861)带到了广东。三十年之后，即光绪辛卯(1891)，陆有壬回到杭州，旧地重游，"树影花香，无复当年胜概矣。"遂将此画留在寺中，以证香火因缘。此画后来为周庆云所见，颇有感慨，遂萌生了"灵峰补梅"之意。

1987年，杭州市园文管理局在重建灵峰探梅的景点时，出土了一块太湖石刻石，高三十二厘米，宽八十五厘米，上刻行书一十四行，内容为光绪帝的老师翁同龢的《灵峰探梅图》题咏，诗云：

---

① 杨振藩与丁丙记载的探梅时间不同，一个说是己未(1859)上元后二日，一个说是庚申(1860)三月五日，皆言之凿凿，未知孰是。但丁丙所说的农历三月五日，此时恐怕早已没有梅花了，难道丁丙会没有意识到？

铁骨冰雪冷香室

萧萧寥寥成丰春，落落莫莫灵峰人。
探梅再游常事耳，伤哉浩劫沧江濒。
作画者谁杨蕉隐，笔力倪黄标格近。
题诗者谁雪隐翁，一十八人气味同。
吾生出入光明殿，惜与群贤未识面。
幸从卷尾见丁公，十万牙签富经传。
山僧请经航海来，携卷索诗火急催。
时平岁美湖波渌，梅花开时山鬼哭。

碑上又有周庆云的跋云："此松禅相国题蕉隐《灵峰探梅图》卷子诗也。相国笔墨重一世，此非其至者，已惊绝尘俗矣。勒石寺中，永宝持之。"这块灵峰旧物现陈列于灵峰铁骨冰肤冷香室中。

五、孤山补梅

因林和靖之故，梅花成为孤山最重要的文化符号。但入元以来，孤山梅花日渐衰微，遂有元明期间的多次补梅，但仍未能挽救孤山梅花的颓势。入清以来，曾有多次修复孤山人文景观的行动。顺治时，督学谷应泰、布政张缙彦修复放鹤亭。康熙十一年，巡抚范承谟移亭墓侧。三十五年，织造敖福合、员外宋骏业，复移亭于右。别建一亭，供御书《舞鹤赋》于中。又建巢居阁、梅轩，开池、叠石、筑桥，极其宏丽。杭守李铎修和靖墓。其四贤祠毁于火，寻亦重建。[1]但一直未见补梅人。雍正年间，朱伦瀚又重修林逋墓，同时补种了数十株梅，并写了一篇《重修林和靖先生墓记》，其中云："……余年弱冠，过西湖吊处士墓，尚及见老梅一本，传为处士手植。年来承乏监司，朝夕湖山之侧，一抔黄土较三十年前渐至塌毁，而所谓手植之梅已不可复视。因捐俸禄葺其墓，树表以识，墓之前后，复增植梅花数十树。嗟嗟，千百年来人之言梅花

① 见《孤山志·建置》。

游孤山者，意中辄憬然有一处士在，不知此皆非处士也。墓之有无，在处士固浮尘野马视之，知此意者其殆可与言处士矣！因工竣之日，复握管而为之记。”[①]此文写作时间为“雍正十年二月”，即1732年春。这恐怕是入清以来第一次孤山修墓补梅，补梅的规模不大，只有数十本，略作点缀而已。不过从他对三十年前孤山的情状的描述可以看出，明末大量补种的梅花在不及百年的时间里早已不见了踪影，三十年后，连仅存的那株传为处士手植的老梅也已经没有了，处士墓也渐至塌毁，孤山之萧条可知矣。朱伦瀚之前之后，乃历史上著名的“康乾盛世”，这两位皇帝因仰慕江南风雅，曾数次下江南，西湖孤山乃必造之地，亦有题咏和建造，但却没有大规模补梅。

又是近百年的光阴流转，到了嘉庆二十五年(1820)，由京官外放的林则徐来到杭州任杭嘉湖道，正式与孤山梅花结缘。林则徐是年三十六岁，而孤山的梅花又已败落。不知是否因同为林姓的缘故，孤山补梅一直是林则徐的宿愿。青年时期，在家乡屏山麓的北库巷做私塾先生的林则徐就曾将自己的书斋命名为“补梅书屋”。十几年后，他的这个愿望终于得以实现。他重修了林和靖祠，并在其墓前植下三百六十株梅树，每逢花开，便有衙门禁止攀折告示牌悬挂树间。前文所引范祖述《杭俗遗风》中也记有此事。据说林则徐还在墓前养了两只丹顶鹤，算是为林和靖补足了妻子。至今，孤山尚有他撰写的对联。其一：

林则徐像

我忆家风负梅鹤；

① 马甫生点校《八旗文经》影印本，转引自林雁《绕墓梅开有子孙——八论林逋与梅花》，《现代园林》，2008第4期。

天教处士领湖山。

此联题于林和靖祠。"家风"隐"林"姓梅妻鹤子之事。林则徐何以"负"梅鹤?盖因林和靖归隐而自己出仕,故颇有愧疚之感。或以"梅鹤"指代自己的妻子,以"负"作"辜负"解,何其鄙俗!既忆家风,何负妻子?袁中郎尚羡林和靖无妻子之累。梁恭辰《楹联四话》云:"'忆'字讹作'已'字,'忆'字有思致,作'已'字则轻飘矣。""已"不但轻飘,而且不通。其二:

世无遗草真能隐;

山有名花转不孤。

此联是林则徐修林和靖祠时为放鹤亭而撰,后被人误作"士无遗草真能隐;山有梅花转不孤",梁恭辰《楹联四话》云:首联讹'世'为'士',对句讹'名'为'梅'。和靖本处士也,'士'字不露,则有意味;梅为和靖,谁不知者?露出'梅'字,未免滞相。"此联"遗草"当作"遗稿"解,即指林和靖绝笔"茂陵他日求遗稿,犹喜曾无封禅书。"林和靖无谄媚之相,无仕途之心,故谓之"真能隐",也与前一联"负梅鹤"的意思相呼应。林则徐还有首诗可与此情怀相印证:

我从尘海感升沉,何日林泉遂此心?

墓表大书林处士,家风遥愧古长林。

湖山曾领谁无负?梅鹤因缘已渐深。

便拟携锄种明月,结庐堤上伴灵棕。

此诗可作上面两联的注脚。在鸦片战争失败遭贬之后,林则徐曾写过一篇《〈竹波轩梅册〉序》。这篇文章在《林则徐全集》中未收入,是一篇佚文。复旦大学图书馆的杨光辉先生在哈佛大学燕京图书馆中发现了这篇作品。①《竹波轩梅册》又名《后梅花喜神谱》,清郑淳撰。郑淳,号箫卿、小樵、四明山民,浙江镇海人,清嘉庆道光间著名画家,尤其擅长画梅花。《竹波轩梅册》前有阮元序,次道光戊戌(1838)汤金钊序,再次即林则徐序。林序开篇云:"百卉惟梅为最清,宜于山林之士,而其开独先,不与群芳凡艳为俦侣,以故诗人尤爱之……"此语应该可以解释林则徐爱梅的缘由。

道光间,在林则徐之后又有一次孤山补梅。补梅人是曾任敦煌知县的杭

① 参见杨光辉《林则徐佚文考述》,《宁波大学学报(人文社科版)》2007年3月。

州人许乃谷，他购梅数百种，栽种于林和靖墓周围。此人擅绘山水梅竹，遂画了《孤山补梅图》以记其胜。有关这次补梅更多详情不得而知，但从他的一首《和魏春松师孤山探梅寄怀元韵》的诗中可以看出他在边地时对家乡孤山梅花的怀念之情：

西湖作香海，倒浸翠微嶂。花开人未归，清夜梦来访。
一笑花底眼，鹤子悄相向。梦醒边徼羁，那得任旷放。
天山五月雪，寒气逼朔望。见雪不见花，雪在青云上。
龙门天际遥，矫首万山障。奚止故乡情，惆怅难具状。
何时从杖履，一舸中流漾。晨兴摘花餐，夕归答渔唱。
未了文字缘，亦颇林泉尚。风尘岂初愿，樗材劳哲匠。
岁月嗟蹉跎，消得屐几两。余杭酒百壶，神王兴酣畅。
酎写寻春图，渴笔见力量。

江南与西北边地仿佛是两个世界，巨大反差更加深了许乃谷对家乡的怀念。看到魏春松孤山探梅的诗，思乡之情更为炽烈。“花开人未归，清夜梦来访。一笑花低眼，鹤子悄相向”，梅妻鹤子只能在梦中相见。家乡孤山的梅花，在这位边地县令的心里是一段颇为美好的记忆。所以，许乃谷去敦煌赴任之前，一定是见过孤山梅花的，这些梅花就是林则徐补种的梅花。他是道光元年的举人，林则徐补种梅花的时候，他应该在杭州。恐怕当他再次回到故乡时，林则徐补种的梅花已经衰败了，因为他补种梅花的位置和林则徐差不多，都在处士墓前。由于对孤山梅花的情感和对林和靖高风的景仰，当他看到家乡孤山梅花的衰败，发心补梅也在情理之中。

历代孤山补梅，无不以仰慕林和靖为缘起。补梅人除了官僚之外，也有普通的知识分子。《清稗类钞·隐逸类》有一则记载徐山云补梅孤山之事，颇有几分沧桑之感：

钱塘徐山云茂才时既屡应秋试不售，乃绝意进取，就六世祖文敬公潮清风草庐旁筑屋以居，慕林和靖处士风。道光丁酉，与同里汪介眉、沈念农、孙阆青诸老辈补梅孤山，以寄岑寂。同治辛未，阆青自湘中还，访其种梅处，题诗壁间曰：“空廊苔屐宛然新，重访寒花几怆神。记自碎锄明月后，又抛三十六回春。”

徐山云因屡试不第，方绝意进取，慕处士之风，也算聊以自慰吧！道光丁酉(1837)，他与孙阆青等四人补梅孤山，同治辛未(1871)，孙阆青重访故地，三十余年的时间给杭州带来太多的变化，人事皆非，因生无限凄怆之感。看来道光年间，是清代孤山补梅的一个高峰。

孤山似乎真的与林家有缘。除了前文谈及的林则徐外，清后期还有一位林姓的补梅人，他便是大名鼎鼎的林启。此二人同为福建人。另一位福建林姓名人林纾写过一篇《林迪臣太守孤山补梅记》，云：

孤山实居西湖之阴，东南面葛岭，水萦之若带焉。余常放舟入锦带桥，周孤山以出西泠，万树积绿，隐隐见微径，虽斜日掩映，恒苍然若滴，盖岚气蒸变而成为此状也。余三至杭，谒处士公墓无虑百数，而有典史公为之配①，自以为孤山之胜，惟吾林氏得以专之，今守杭者，为同郡迪臣先生，又吾林氏者也。先生治杭得其政，养士得其教，为匹夫匹妇存其利，而先生犹以为旷职而亡功。居则憔然若思，废然若忘，而特喜吾处士公，能逃名盛时，不以吏职自污，因补梅百株于孤山之麓。既而叹曰："今日岂吾游观之时哉，顾吾处士隐于是而吾又宦兹土，莳梅适以修家之故事。若数年之后，樵苏及之，彼杭人又乌知有太守梅者？"余曰：先生之言，处士之心也。方处士公种梅豢鹤，结庐于兹山，且不有妻子之累，岂复图名？而今之称处士者，若昨日，是故为名而隐，号曰充隐。即为名而官，亦决非能官者也。先生守杭三年，政平人和，而萧然恒若无与，岂区区垂意于一梅？吾政恐后人之见梅者，转以思先生之政于无穷也，而先

林启像

① 当时孤山尚有林典史祠。林典史名汝霖，咸丰年间人仁和县典吏，亦为福建人，太平军攻陷杭州时，他和全家殉难而死，后来清廷在孤山建祠祭祀。

高树程、费丹旭所作《梅竹山庄图》

林启塑像

生又焉逃其名？光绪己亥三月，既为图以归先生，并为之记，亦所以识吾林氏之祥也。

林纾的文章充满了作为林姓人的自豪。他说林启守杭三年“治杭得其政，养士得其教，为匹夫匹妇存其利”，“政平人和”，从林启逝世后杭城人民表达出的爱戴之情便可知，这个评价并不过分。林启此次补梅，规模不大，仅有百株，唯寄景仰缅怀之情而已。可惜的是次年他便去世了。林启生前有“为我名山留片席，看人宦海渡云帆”的诗句，他的后人便同意将他葬于孤山之下，永伴梅鹤，“杭人岁设祭焉，号曰林社，久而勿辍”[①]。2004年，在林社旁增设了一座林启的塑像，表达了杭州人对这位贤太守的缅怀之意。有对联云：

教育及蚕桑，三载贤劳襄太守；

追随有梅鹤，一龛香火共孤山。

① 《清史稿》卷四七九。

六、羽琌山馆有梅医——龚自珍

羽琌山馆在苏州昆山，并不在杭州，它是龚自珍的别墅。龚自珍是清代后期著名的思想家、文学家，近代改良主义的先驱。初名自暹，字爱吾，后更名易简，字伯定；又更名巩祚，字璱人，号定庵，晚年又号羽琌山民。乾隆五十七年(1792)，龚自珍出生于仁和县(今杭州)东城马坡巷(又名马婆巷)的官宦之家，父亲龚丽正，官至江南苏松太兵备道，署江苏按察使，母亲段驯是著名文字学家段玉裁之女。由于家学渊源，龚自珍从小就打下了极好的旧学功底，并表现出很好的文学天赋。嘉庆二十五年(1820)，龚自珍以举人身份入选内阁中书，开始了由考据之学向今文经学的转变。道光九年(1829)，第六次会试始中进士，道光十五年(1835)，迁宗人府主事，两年后，又补主客司主事。都是些俸禄微薄的小官。道光十九年(1839)，龚自珍辞官南归，往返于杭州、苏州等地，两年后暴卒于丹阳云阳书院。

龚自珍生活在清嘉庆、道光年间，此时的大清国刚刚走过鼎盛时期，衰败之相已然呈现。道光十八年(1838)，鸿胪寺卿黄爵滋针对当时国民吸食鸦片者日众，白银外流，国库空虚，民风衰败的情况上了一封奏折，要求朝廷禁绝鸦片。当时朝廷要员中只有两湖总督林则徐坚决支持禁烟，获得道光皇帝的支持。作为林则徐的好友，时任礼部主事的龚自珍在这年年底林则徐离京赴粤前两天写了一篇著名的《送钦差大臣侯官林公序》，表达了自己对禁烟的支持，并送给林则徐一方端砚。没想到这次京师一别，竟成永诀。

龚自珍纪念馆

作为禁烟派，龚自珍在京师是孤立的，他对时弊有清醒的认识，但思想和性格中的叛逆使得龚自珍“动触时忌”,不容于时代,对官场的失望和厌倦是自然而然的。次年春天,在送别林则徐几个月后,四十八岁的龚自珍便以奉养老父的名义辞官回老家杭州了。[①]回到杭州之后一个月,他便到昆山正在筹建的羽琌山馆去了。

羽琌山馆原是龚自珍十多年前买下的徐氏庄园,又名海西别墅。龚自珍是个爱梅人,打算在建造羽琌山馆时在那里种植梅树千本,还写了一首诗,想象竣工后的梅园:

海西别墅吾息壤,羽琌三重拾级上。
明年俯看千树梅,飘飖亦是天际想。

规划中的羽琌山馆是三层楼阁,下临千树梅园,花开时节的景象可想而知。因为爱梅,他便请朋友帮他买了三百盆梅花,但这些梅花形态古怪,都是人工扭捏而成,这让龚自珍很不舒服,于是便有了那篇著名的《病梅馆记》:

> 江宁之龙蟠,苏州之邓尉,杭州之西溪,皆产梅。或曰:“梅以曲为美,直则无姿;以欹为美,正则无景;以疏为美,密则无态。”固也。此文人画士,心知其意,未可明诏大号以绳天下之梅也;又不可以使天下之民斫直,删密,锄正,以夭梅病梅为业以求钱也。梅之欹之疏之曲,又非蠢蠢求钱之民能以其智力为也。有以文人画士孤僻之隐明告鬻梅者,斫其正,养其旁条,删其密,夭其稚枝,锄其直,遏其生气,以求重价,而江浙之梅皆病。文人画士之祸之烈至此哉!
>
> 予购三百盆,皆病者,无一完者。既泣之三日,乃誓疗之:纵之顺之,毁其盆,悉埋于地,解其棕缚,以五年为期,必复之全之。予本非文人画士,甘受诟厉,辟病梅之馆以贮之。
>
> 呜呼!安得使予多暇日,又多闲田,以广贮江宁、杭州、苏州之病梅,穷予生之光阴以疗梅也哉!

梅花的劲骨天资奇逸,斑驳盘旋,为文人雅士所钟爱,移为盆景,并形成了特定的审美模式。而鬻梅之人为牟利,迎合士人的这种审美需求,“斫其正,养其旁条,删其密,夭其稚枝,锄其直,遏其生气”,制造了很多畸形

---

① 关于龚自珍辞官离京,又有所谓“丁香花公案”,说龚自珍与奕绘贝勒的侧室顾春之间有私情,事发后龚自珍匆匆南逃,龚自珍的突然死亡便是奕绘正室的长子载钧派人追杀,将其毒死在丹阳县衙内。此说流传颇广,但孟森、苏雪林等学者已证明此事纯属杜撰。

的梅花。在龚自珍看来，这些受到摧残的梅花是文人画士畸形的审美情趣的牺牲品。

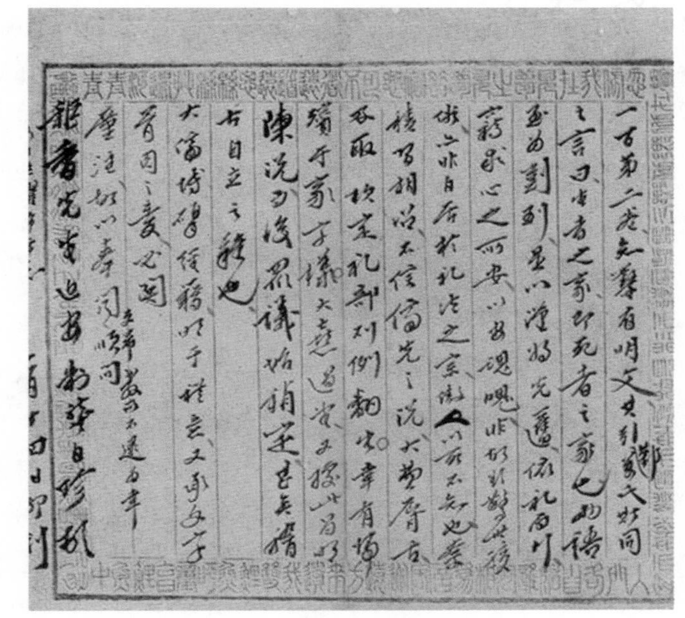

龚自珍手迹

其实，龚自珍的这种观点并不稀奇，保持生命的天性，给生命自然生长的空间，是战国时期庄子的观点。反对对梅花施以人工雕琢，保持其自然之美，在前文中谈到的元代冯子振所写的《蟠梅》诗中说："屈干回枝制作新，强施工巧媚阳春，逋仙纵有心如铁，奈尔求奇揉矫人。"也是反对因求奇美而揉矫梅花。和龚自珍同时代的江宁侯云松《题杨石卿三十树梅花书屋》诗云："世人爱梅花，缩本植盆盎。拗折强束缚，偃蹇具形相。情知逊天然，聊复投俗尚。岂如子云宅，绕屋得疏放。横斜自栽种，交格亦偎傍。以此三十树，散作千亿状。"[①]与龚自珍颇有交往的江宁汤贻汾也有一首《琴隐园盆梅得地成柯赠之以诗》亦云："梅性自纵横，如何受束缚。欲置几席间，不同在丘壑。屈曲由凡夫，遇之得无虐。意造非天成，生趣叹萧索。一朝桎梏去，快若笯脱鹤。不嫌榛莽欺，且遂烟霞乐。苍松旧相识，相怜肯相谑。从此葆天真，年深气盘礴。"[②]江宁是当时盆梅的主要产地之一，那里已经有很多人反对束缚梅性，毁灭天真的做法了。龚自珍放生这三百株盆梅的想法恐怕也受到他们观念的影响。

那么，何以单单这篇《病梅馆记》有如此大的影响？因为他不是就梅说

① 朱绪曾：《国朝金陵诗征》卷三〇，转引自程杰《梅文化论丛》第176页。

② 汤贻汾：《琴隐园诗集》卷二四，转引自程杰《梅文化论丛》第177—178页。

梅,而是点出了夭梅病梅背后的文人画士,更重要的是,这篇文章寓意深刻,字字句句讥刺时政,显示了龚定庵对社会空气敏锐的嗅觉。文中的文人画士乃是当权者的化身,而梅花则是当时被扭曲的士风民风的象征,鬻梅者则是造就夭梅病梅的社会机制。龚自珍深刻感受到所处时代社会空气的压抑、沉闷、保守和残忍,在这种空气下的士风民风发生了严重的扭曲,不合上意、不合传统、不合权威的思想观念和行动便会得到剪伐,"社会超我"极其强大,缠缚人性,使人不能有自由伸展的空间,大到社会、小到个人,生机遭到遏制,导致人性扭曲、人才匮乏,社会已经陷入危机之中。

"九州生气恃风雷,万马齐喑究可哀。我劝天公重抖擞,不拘一格降人才。"这是龚定庵《己亥杂诗》中最为著名的一首,可与《病梅馆记》并看。要使天下生机勃然,一定要依靠迅雷烈风的手段摧枯拉朽,万马齐喑的现状是国家之大害,当权者应抖落各种束缚,给形形色色的人才以自由伸展的空间。如此,整个社会才能有蓬勃之气象,国家才会不乏有用之人。梅花的遭遇便是社会的缩影,梅花之病,便是社会之病。龚自珍就是要搅活清代社会的这一潭死水,因此才发出了这样的呐喊。这位羽琌山馆的梅医发愿,为了医治病梅"甘受诟厉","纵之顺之,毁其盆,悉埋于地,解其棕缚,以五年为期,必复之全之",何等豪迈!然其意又何止于梅?龚定庵是苦恼的,"安得使予多暇日,又多闲田,以广贮江宁、杭州、苏州之病梅,穷予生之光阴以疗梅也哉"!治梅易,治天下难,治梅尚无条件,何况天下!定庵的五年之期仅过了一半,他便与世长辞了。

"一事平生无齮龁,但开风气不为师"也是《己亥杂诗》中非常有名的一句。龚自珍的确是一位能开风气之先的先觉者。清末维新派代表人物之一的梁启超曾说:"光绪间所谓新学家者,人人大率经过崇拜龚氏之一时期,初读《定庵文集》若受电然,稍进乃厌其浅薄。"[①]梁启超实在不应以晚清业已开放的眼界苛求龚自珍。由于时代所限,与梁启超相比,龚自珍的浅薄是必然的,而龚氏所言在当时已属振聋发聩,在梁启超的时代,仍能使人"若受电然",已属不易。"但开风气不为师",这也算龚定庵的自知之明吧!而梅,不正

① 梁启超:《清代学术概论》。

是开风气之先的吗？

1990年，在杭州市马坡巷南段的小米巷清人汪淮“小米山房”的旧址上，龚自珍纪念馆正式建成。

七、愿与梅花过一生——彭玉麟

前段时间，浙江在线新闻网公布了一则信息，说又有一大批从明代至近代具有学术研究和审美价值的名家碑刻在西泠印社正式与世人见面。其中有一块“红梅碑”非常引人注目，这是杭州仅有的两块以梅花为主题的石碑之一(另一块便是前文提到的那块著名的“梅石双清碑”)。这块石碑上的那幅老干槎枒的红梅的作者是清代“中兴四臣”的曾、左、彭、胡之彭玉麟。

彭玉麟(1816—1890)为清末湘军水师统领，祖籍湖南衡阳渣江，出生于安徽安庆。他的父亲是安徽合肥梁园巡检，为官清廉，曾被推为“皖中循吏之最”，所以家里也不富裕。他十六岁随家返回衡阳，不久父亲去世，家里田产为邻人所夺，生活日窘。于是，彭玉麟便谋了一份司书小吏的差事，三十七岁时仍是一个穷秀才，但知识出众，在当地颇有声名。时势造英雄，太平天国运动的兴起，给了这个书生展示其卓越才华的机会。咸丰三年(1853)，曾国藩驻军衡阳，闻其名，召他帮助创建湘军水师，善于识人的曾国藩称赞他：“书生从戎，胆气过于宿将，激昂慷慨，有烈士风。”后因在鄱阳湖等地连败太平军水师而声名大振，成为湘军的重要将领。因他字雪琴，人称“雪帅”，官至兵部尚书，为大清国的肱股之臣。今西湖小瀛洲便是其晚年退居之地。

彭玉麟像

彭玉麟战功卓著，人品更为高洁，近世以来可称一流人物，一生践履“不御姬妾，不积财产，不畏权贵，不受封职”的诺言，高风亮节，人中楷模。彭玉麟谥号为“刚直”，应是对他性格的写照，他不畏权贵，不怕碰硬，人称“彭打铁”。据说这位“彭打铁”曾截住李鸿章的船，翻出他藏在菜坛子里面的赃银，因此贪官污吏一提“彭打铁”三字无不胆寒。彭玉麟虽然威风，却不滥杀。他曾为城隍庙写过一副对联：“任凭你无法无天，到此孽镜悬时，尚有胆否？须知我能宽能恕，且把屠刀放下，回转头来。”也算是以威养恩吧！

彭玉麟生性不爱浮华，节俭一生，常常粗衣疏食，见到满汉全席便皱眉，但为人却充满豪气，慷慨乐施，经常周济穷困的亲友，赠予部下财物。因仰慕王船山，他出巨资改建船山书院。据统计，彭玉麟自咸丰五年至同治元年七年间，应得养廉银二万一千五百余两，但他分文不取，全数上缴国库充作军饷。彭玉麟考虑到他这样做可能使人怀疑他沽名钓誉，因而又请求曾国藩出面向朝廷说明。曾国藩则说：“查彭玉麟带兵十余年，治军极严，士心畏爱，皆由于廉以率下，不名一钱。今因军饷支绌，愿将养廉银两，悉数报捐，由各该省提充军饷，不敢迎邀议叙，实属淡于荣利，公而忘私。”

彭玉麟的不受封职，在当时非常有名。他一生中共有六次辞封。第一次是咸丰十一年(1861)，清廷任命他为安徽巡抚，彭玉麟一连三次辞谢；第二次是同治四年(1865)，清廷给他漕运总督的肥差，又被他两次谢绝；第三次是同治七年(1868)，彭玉麟上疏请辞已当了六七年的兵部侍郎；第四次是同治十二年(1873)同治帝大婚庆典，任命他为兵部侍郎，庆典一结束，他立即上疏请辞；第五次是光绪七年(1881)，任命他为两江总督兼南洋通商大臣，彭玉麟接旨后即请辞，隔日又再次上辞疏；第六次是光绪十一年(1885)至光绪十四年(1888)，彭玉麟接连四次请辞兵部尚书。但是，当国家需要他的时候，他便以国事为重。

光绪九年(1883)，中法战争爆发，年近七十的彭玉麟“阻和议战”，率湘军四千前往广东设防自卫，巡阅各海口与士卒同甘苦，为冯子材、刘永福后盾。在大败法军之后，又上辞书。他的辞职，并非矫情，更非以退为进。因为对一个像他这样有很高精神境界和艺术气质的士大夫来说，在完成了自己的为国尽忠的使命之后，便无所求了，名位爵禄这些在别人看来很重要的东西，在他的眼里看得如浮云一般，他有自己更向往的生活。这并不虚假。

他辞去漕运总督这一肥缺时，就有人以他不受命，近乎矫情而处分他。

曾国藩为其陈情说："查彭玉麟自咸丰三年初入臣营，坚与臣约，不愿为官，嗣后屡经奏保，无不力辞，每除一官，即具禀固请开缺。咸丰十一年，擢任安徽巡抚，三次疏辞，臣亦代为陈情一次，仰邀允准。此次亲奉恩旨，署理漕运总督，该侍郎闻命悚惶，专折沥陈。顷来金陵，具述积疾之深，再申开缺之请，臣相处日久，知其勇于大义，淡于浮荣，不愿仕宦，份出至诚，未便强为阻止。"

同治八年到十一年彭玉麟回到老家赋闲。其老友王闿运在《湘绮楼日记》同治九年正月初三条中记载："访雪琴于何隆老屋，旧宅三间，其未达时所居也，今富贵复居之。两亲既亡，一妻被出，旁无侍者，子弟又已远析，人情恋本，物态变迁，一想今昔，但有怆恨。雪琴殊自偃仰，不以为怀。"其境界如此。在同治十二年的一份奏折中，彭玉麟说："臣以寒士始，愿以寒士归。"这种功成身退对他来说会有一种超脱的愉悦，只是如此人物"以寒士归"已经是不可能的事了。他这个人胸次洒落，颇有宋人所谓"霁月光风"气象。

"平生最薄封侯愿，愿与梅花过一生。"这是彭玉麟比较有名的一句诗。他虽是一员武将，但绝非粗人，才华横溢，常人莫及。彭玉麟对梅花的痴迷在当时有了名的，而他本人也是一个颇具梅花品性的性情中人。关于彭玉麟为何痴迷于梅，坊间流传着他与一位叫梅仙（又有说叫梅姑、梅小姑、梅香等）的姑娘的爱情故事，颇为凄婉动人。

这位梅仙姑娘是个美丽又有些忧郁的邻家女儿，与彭玉麟青梅竹马，感情甚笃，并私订终身。后来，彭玉麟父亲辞官回原籍，便有了与梅仙的七年分别。临行前，梅仙请彭玉麟作"梅花麒麟图"，然后连夜织成帕子，当分手信物回赠彭玉麟，寓意梅与麟永结同心。分别之日越久，两人的感情越热烈。大概分别更能使他们认识到彼此在对方心中的分量吧！七年后，彭玉麟来接梅仙姑娘，但此时的梅仙已经身染重病，奄奄一息。见到彭玉麟，梅仙情绪激动，一口鲜血涌出，彭玉麟急用那块绣有梅花麒麟的帕子擦拭，结果这块帕子沾上了梅仙姑娘的最后一口血。梅仙死在彭玉麟的怀里。彭玉麟悲痛欲绝，此后他南征北战，不管到哪里，这块带血的手帕一直带在身边。

咸丰七年(1857)年，他统湘军水师收复太平军固守了五年之久的湖口，在石钟山修建了水师昭忠祠、浣香别墅、梅坞、飞捷楼等建筑。在梅坞四周，他亲手种植了六十株梅花，还亲手画了几幅梅花。彭玉麟写过很多梅花诗，

彭玉麟的梅花

据说都是写给这位梅仙姑娘的。比如：

仙风吹种出蓬莱，生就钟山六十株。
不许红尘侵玉骨，冰魂一缕倩春扶。

阿谁能博孤山眠，妻得梅花便是仙。
侬幸几生修到此，藤床相共玉妃眠。

平生最薄封侯愿，愿与梅花过一生。
安得玉人心似铁，始终不负岁寒盟。

我家小苑梅花树，岁岁相看雪蕊鲜。
频向小窗供苦读，此情难忘廿年前。

诗境重新太白楼，青山明月正当头。
三生石上因缘在，结得梅花当蹇修。

到此何尝敢作诗，翠螺山拥谪仙祠。
颓然一醉狂无赖，乱写梅花十万枝。

姑熟溪边忆故人，玉台水澈绝纤尘。
一枝尚得江南信，频寄相思秋复春。

太平鼓角静无哗，直北军旗望眼赊。
无补时艰深愧我，一腔心事托梅花。

这些诗的确是彭玉麟所写，在石钟山建坞种梅也确有其事，但据罗尔纲考证，和梅仙的爱情故事倒是杜撰。不过，这个故事倒的确和彭玉麟的性格有几分相符。他有一枚“古今第一痴人”的印章，

如此自称者，难道会是一个没有故事的人吗？俞樾在《春在堂随笔》说："其人实温温儒雅，善画墨梅……有小印云'儿女心肠，英雄肝胆'……其一小印云'古之伤心人'。贤者多情，即此可见矣。"罗尔纲1947年写了一篇《彭玉麟画梅本事考》①，用本证法考证了此事，依据的是俞樾所编《彭刚直公诗稿》中《感怀》诗二首：

少小相亲意气投，芳踪喜共渭阳留。
剧怜窗下厮磨惯，难忘灯前笑语柔。
生许相依原有愿，死期入梦竟无由。
斗笠岭上冬青树，一道土墙万古愁。

皖水分襟十二年，潇湘重聚晚春天。
徒留四载刀环约，未遂三生镜匣缘。
惜别惺惺情缱绻，关怀事事意缠绵。
抚今思昔增悲哽，无限心伤听杜鹃。

由第一首诗可推知彭玉麟恋人乃舅氏家女子。诗中的渭阳指舅氏。舅父姓王，在合肥做幕客和彭家同在此客居。后有诗："人亡此日空留屋，甥小当时只倚姨(外祖母有养女长予，赖以提携嬉戏)。"这个外祖母的养女叫王竹宾，年纪比彭玉麟稍大，两人因意气相投而私订终身。

从第二首诗可推知，过了十二年，舅父故去，彭玉麟迎外祖母和竹宾来衡阳，但原配邹氏不容，逼其出嫁。竹宾不久出嫁，嫁后四年难产而死。彭玉麟认为王竹宾的死乃邹氏一手造成，遂决定在家中"出妻"，与邹氏分居，并开始茹素。彭玉麟七十老翁督师广州时，一夜梦见竹宾，又作《志感》诗："伤心阔别隔人天，已杳音容卅七年。""一生一死见情真，梦里相逢分外亲。"可见，彭玉麟有一段伤心的情感经历是真，而所谓的梅仙、梅姑虽流传甚广，却是假。彭玉麟只是学宋代林逋梅妻故事，用梅花作恋人象征。比如"梅花树树见丹心"，"我与梅花有夙缘"等等。

彭玉麟多情，但不好色。据说他晚年归隐西湖时已是孤身一人，岳坟

① 此文后名"本证举例"，发表在中华书局出《文史》第八辑。

守坟老人有一女名二官，对彭玉麟深为景仰，在俞曲园的撮合下，表示愿“为彭宫保执箕帚”。彭玉麟则在深思熟虑十数日后，以诗谢却说：“但愿来生再相见，二官未嫁我年轻。”王闿运曾赞叹彭玉麟“脱屣轩冕，捐弃声色”，“使京中王公知天下有不能以官禄诱动之人，益于末俗甚大，高曾、左一等矣”。其境界人品的确高曾国藩、左宗棠一筹。彭玉麟一身清气堪比梅花，真大丈夫也！

我们回到那块红梅碑。这块红梅碑记载了这位儒将与大学者俞樾之间的一段深厚情谊。两人是经曾国藩介绍认识的，同治八年(1869)，彭玉麟从安庆来杭州，访俞曲园于孤山之下诂经精舍，请俞为其所画《望云思亲图》题字。二人一见如故，遂成莫逆。彭玉麟欲借湖楼一寓，许画梅花一幅，以当屋租，曲园欣然应允，还作诗一首记其事云：“一楼甘让元龙住，数点梅花万古春。”此后，彭玉麟几乎每年都挑选俞曲园在精舍讲学时来杭州休养。人生能有如此友情，实在令人羡慕。后来，彭玉麟将孙女彭见贞许给俞曲园之孙俞陛云，结为亲家。

光绪四年(1878)秋，彭玉麟听说俞曲园的学生正在为老师建造俞楼，便亲自赶来督工，并出资增阔。时值十月，俞楼尚未竣工，庭前一株红梅突然绽放，引来杭人围观。彭玉麟认为这是大吉之兆，当即走笔画下了一株拔地而起的红梅。并题款云：

> 孤山风景以处士梅花胜，而得春□，岭山梅花从来无先开者。光绪戊寅秋末，曲园主人筑俞楼于山之西麓。十月朔，楼下红梅壹枝早放，吾知姑射仙子想□人卜邻于斯，故使疏影暗香早通信息，以征主人之姑苏寄住之春在堂也。予巡江公余，适来湖上，见而异之。因涤囊中秃管，染彩而写之，以志巢居阁下三□未有之奇而俞楼独得也。省鉴家其以退省散人为好事焉。南岳七十二峰樵人雪琴并识。

次年春，俞曲园偕姚夫人来杭州，见此图大喜，遂请名匠马驷良勒石于后园，于是就有了这块著名的“西泠红梅碑”。

不过，人无完人，彭作为一位征战沙场的将领和官僚，也有盛怒之下滥施淫威，惨忍不仁之举，让人难以与这位风雅高洁的“雪帅”联系起来。彭玉麟在杭州时，求他画梅的人很多，使他极为厌烦，往往不许，因此就有人采取

贿赂彭玉麟左右的手段以求片纸，所以彭的梅花市价很高。当时杭州城有位姓弁的画工，亦善画梅，私自署上彭玉麟的名号出售，很多人明知其为赝品，也很喜欢购买。一天，彭玉麟出游，在坊肆间看见很多自己画的梅花，很是诧异，心想自己并未画这么多梅花呀？走近一看，笔墨韵味粗劣不堪，绝非己作，而后面却落自己的名号。彭玉麟于是勃然大怒，下令追查，并将弁某及同谋七人全部杀掉。时人皆以彭玉麟无情，爱梅重于人命。[①]此事绝对是彭玉麟一生难以抹去的污点。完人难觅！

八、苦铁[②]道人梅知己——吴昌硕

吴昌硕(1844—1927)，浙江安吉人，晚清著名画家、书法家、篆刻家，为"后海派"中的代表，杭州西泠印社首任社长，乃清末民初承前启后的一代艺术巨匠，当时海内无人能与之抗衡。昌硕初名俊，又名俊卿，字香补，中年更字昌硕，七十以后以字行。又署仓石、苍石，昌石、梅花主人等别号，常见者有仓硕、苦铁、老苍、老缶、大聋、石尊者等。

吴昌硕像

吴昌硕早年随父读书，十几岁时由父亲指点初习印章。咸丰十年(1860)太平军与清军战于浙西，他全家避乱于荒山野谷中，弟妹先后死于饥馑，自己后来也与家人失散，先后在湖北、安徽等地流亡数年。二十一岁时，他回到家乡务农。耕作之余，苦读不辍，痴迷于篆刻书法。二十六岁时，吴昌硕赴杭州，就学于诂经精舍，从名儒俞樾习小学及辞章。三十岁开始，在安吉从县教谕潘芝畦学画梅。三十六岁

① 事见陈小蝶《湖上散记》"彭刚直梅花"条。

② 吴昌硕作为西泠印社的首任社长，向他求印的人很多，他饱受铁笔之苦，故号"苦铁"以自解。

时携《篆云轩印存》往杭州就教于俞樾，获得俞樾的赏识，为之署端并题辞。此后，声名日隆。五十六岁时，被保举任江苏省安东县（今涟水县）知县，仅一月即去，曾自刻“一月安东令”之印以记其事。1913年，西泠印社成立，吴昌硕被推为首任社长。赵子云、诸乐三、陈师曾、潘天寿、沙文若（孟海）等艺坛巨匠皆为入室弟子。

吴昌硕三十岁才开始从潘芝畦学画，年近四十才将自己的作品示人。他擅长写意花卉，前期得到任颐指点，后又参用赵之谦的画法，受徐文长、八大山人以及扬州八怪的影响最大。他能把书法、篆刻的行笔、运刀及章法、体势融入绘画，形成了富有金石味的独特画风，他自己说：“我平生得力之处在于能以作书之法作画。”据说吴昌硕身材不高，面颊丰盈，细目，疏髯。年过七十而鬓发不白，看去不过四五十岁的样子。从他留下的照片看，他给人的感觉是沉静内敛、内力充盈，就像那个年代的一位太极拳高手，真是大师气象。他作画之前也常常凝神默坐，直至

吴昌硕《红梅》

内机涌动方一气呵成，看似澎湃挥洒，横扫千军，而其根柢处深沉宁静，丝毫不乱，极有节制，已非徐渭那种不能自已的激情。所以，吴昌硕以气作画，但此气能发能收，能发故畅快淋漓，能收故回味无穷，此气配以人生阅历和境界，以及圆熟老辣的笔法，非大师而何？

吴昌硕酷爱梅花，常以梅花入画。据说他的花卉作品百分之三十的主题是梅花。他对梅花的特殊感情，可以追溯到童年。吴家老宅在安吉鄣吴村，村外十里外有一条溪流，名唤“梅溪”。溪水两岸都是铁骨红，花开时节，灿若紫云，故又称“紫梅溪”。少年时的吴昌硕便经常借钓鱼之名，去梅溪观赏梅花，因此他从小便对梅花有着深刻的了解。吴昌硕现存最早的一幅梅花册页是他三十六岁时赠与妻弟施振甫的墨梅。在这幅画的题跋中他说：“雪天香海冷烟云，也有疏枝伤夕曛。我在紫梅溪上住，梅花情性识三分。”可见梅溪的梅花对他的影响之深。他还曾特意镌刻了一枚“梅溪钓徒”的印章，纪念自己小时候以钓鱼为名去梅溪看梅的事。后来，他又有诗写梅溪赏梅：“梅溪水平桥，乌山睡初醒，月明乱峰西，有客泛孤艇，除却数卷书，尽载梅花影。”又有跋云：“春夜梅花下看月，花瓣皆含月光，碎月横空，香沁肌骨，如濯魄于冰壶中也。但恨无翠羽啁啾声和以新咏。”没有如此情味，如何能成就如此的艺术大师呢？

吴昌硕在安吉有一小园，因不事修剪，草木蔓芜，所以名曰“芜园”。可是吴昌硕并不打算让它荒芜下去，因爱梅溪梅，故从梅溪移来三十六株铁骨红。他对这些梅花呵护备至，日夜观察揣摩，产生了深厚的感情。后来，他离家外出，多年不归，将梅花托付给邻人照看。但这些梅花常常出现在他的梦中。光绪十三年(1887)春，好友瘦羊先生(即香禅居士潘钟瑞)从江苏邓尉山香雪海观梅回来，吴昌硕登门探望。瘦羊谈及香雪海的梅，并给吴昌硕看了自己赏梅时所作的长诗，欲向吴昌硕索画。瘦羊的讲述，让吴昌硕顿时怀念起故乡芜园的梅花来，于是展纸索墨，一株老梅瞬间拔地而起，画罢，意犹未尽，亦作长诗一首，以寄情怀：

罗浮梦醒春风赊，笔底历乱开梅花。
青虬蜿蜒瘦蛟立，冰雪点点迷横斜。
千枝万枝碾寒玉，缶庐塞破窗粘纱。
江城五月动寒意，放笔拟泛梅溪查。

梅溪梅树涨山野，移种记拔芜园沙。
芜园劫余有老物，补卅六株争槎枒。
别来梦想不可见，故乡隔在天一涯。
前年腊月暂归去，着花犹未过邻家。
翠羽啁啾不知处，最恼人意山城鸦。
离奇老干欠收拾，势压亭子穿篱笆。
江南作尉醉亦可，所嗟不学耽风华。
七年邓尉未一到，香雪海听香禅夸。
囊中诗句动惊俗，时吐光怪吐寒葩。
偶思画意偏好古，泼墨一斗喷烟霞。
灯前月下见道气，入座老辈同乾嘉。
请君读画冒烟雨，风炉正熟卢仝茶。

“前年腊月暂归去，着花犹未过邻家。”可见光绪十一年时，吴昌硕回去探望过自己移种的梅花，梅树的枝丫虽尚未伸到邻家，但芜青亭畔的梅花因无人修剪已经“势压亭子穿篱笆”了。据吴昌硕之孙吴长邺说，某年冬天，气候严寒，如拳大雪，竟把他一棵心爱的老梅，开花最盛的一枝条压折，连干带枝牵持在邻家檐前。他感到十分痛惜，急忙去取来绳子，力图挽救，岂知被邻翁先来将挂枝折断，放入瓦罐内收养，这真使他忧痛伤感不已，但也无可奈何。他为排遣胸中闷愤，展纸濡毫作老梅一大幅，其枝干蟠曲，郁勃纵横，如有万千不平之鸣，发于纸上，命笔赋以长句，句末有：

邻翁惜花翻助虐，我欲呼天嗥滕六。[①]
风寒月落春夜深，应有花魂根下哭。
淡墨聊当知己泪，貌出全神此长幅。
残鳞败甲好护持，莫再人间遭手毒。

字里行间，流露出对梅花的真挚感情，睹物思人，昌硕先生当时的感触心情，岂独仅在老梅而已。[②]

① 传说雪神为战国滕文公，因雪花六出，故雪神常被称为“滕六”。
② 这个故事引自吴昌硕之孙吴长邺所写的《酷爱梅花的吴昌硕》。

晚年的吴昌硕还曾画过一幅《红梅图》，画的也是家乡的铁骨红。从题画诗中可见他对芜园梅花的怀念。末后一句告别梅花，似完未完，令人回味：

梅花铁骨红，旧时种此林。艳击珊瑚碎，高倚夕阳处。

百匝绕不厌，园涉颇成趣。叹息饥驱人，揖尔出门去。

此画左下方又有题跋：

铁如意击珊瑚毁，东风吹作梅花蕊。

艳福茅檐共谁享，匹以般毁尊罍簋。

苦铁道人梅知己，对花写照是长技。

瑕高艺逐蚊虬舞，本大力驱出石徒。

作踏青镂饮眇倡，攫得燕支尽调水。

燕支水酿江南春，那容堂上枫生根。

"苦铁道人梅知己"这句诗便出于此。

吴昌硕何以与梅为知己？"秀丽如美人，孤冷如老衲，屈强如诤臣，离奇如侠，清逸如仙，寒瘦枯寂坚贞古傲如不求闻达之匹士。"这是吴昌硕对梅花的评价。中国人自古以来善托物言志，格物致知，青青翠竹，郁郁黄花，皆为自我之投射，深沉默对之间，常常读出万物一番离奇意思。此乃内心深处独有巨眼，慧观万物，于是有得，并非俗眼凡情所能洞彻。天地万物景象的展现不择贤愚，而实特为吾辈设。这个意思黄山谷曾说过，非过来人不能言。吴昌硕品梅如此，谓之"知己"，梅花亦当点头无憾。"寒香风吹下东碧，山虚水深人绝迹。石壁矗天回千尺，梅花一枝和雪白。和

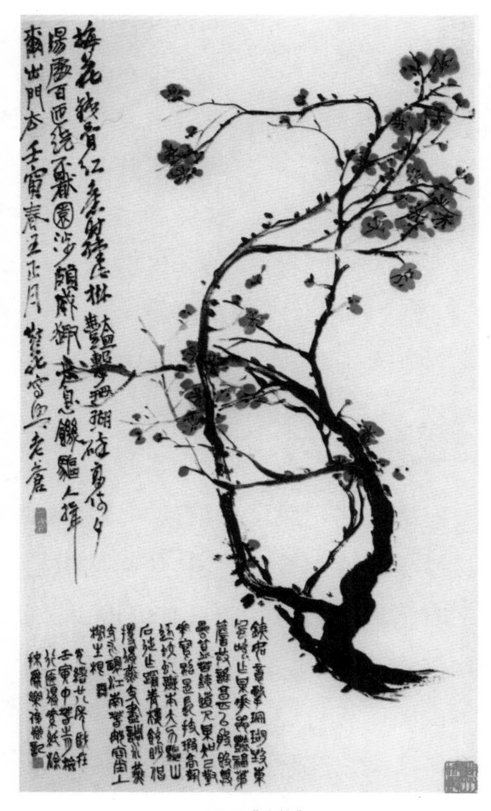

吴昌硕《冷艳》

羹调鼎非救饥，置身高处犹待时。冰心铁骨绝世姿，世间桃李安得知？”语已及此，尚有何话可说？

吴昌硕喜梅之奇崛之姿，但这种梅姿并非人工扭捏而成，而是山间野梅所特有，独得天然之趣。其芜园的野梅便是如此。“空山梅树老横枝，入骨清香举世稀。得意忘言闭门处，墨池冰破冻虬飞。”此诗足见吴昌硕对山间野梅的热爱。在他四十多岁时，有一位江西客人来访，自云曾闻庾岭上曾有一株植于南朝齐梁间的老梅，“花开香闻数里，碧藓满身，龙卧岩壑间”，可惜的是这株千数百年的古梅某日突遭雷电，焚为枯朽，唯有山中老道士知道这株古梅曾经的位置和当年情状。江西客人辞别后，爱梅至深的吴昌硕喟叹不已，心情难以平复，一株如龙老梅在胸中勃然而出，遂“以败笔扫虬枝倚怪石，夭矫骇目”，自谓“画梅十年，从无此得意之笔”，痛快至极，于是“长歌激越，庭树栖鸟皆惊起。”又跋长句一首云：

老梅夭矫化作龙，怪石槎枒鞭断松。
青藤老人画不出，破笔留我开鸿濛。
老鹤一声醒僵卧，追蹑不及逋仙踪。
拼取墨汁尽一斗，兴发胜饮真珠红。
濡毫作石石点首，倚石写花花翻空。
山妻在旁忽赞叹，墨气脱手椎碑同。
蝌蚪老苔隶枝干，能识者谁斯与邕。
不然谁肯收拾去，寓庐逼仄悬无从。
香温茶熟坐自赏，心神默与造化通。
霜风搴帷月弄晓，生气拂拂平林东。

梅花还记载了吴昌硕与京剧大师梅兰芳先生之间的一段忘年友情。吴昌硕年长梅兰芳五十岁，他初见梅兰芳是在1913年秋，梅兰芳初次访沪献艺之时，那时的梅兰芳只有二十岁。吴昌硕应邀观看了梅兰芳在丹桂的第一台演出，梅兰芳的唱腔风韵倾倒了在场的所有观众，眉眼老辣的吴老先生不由暗暗称奇，料定此人日后必是大师级人物。此后，两人数度往来，遂成忘年之交。

1923年农历八月初一，是吴昌硕八十大寿。他的亲友及弟子汇聚于华商别墅为他贺寿，海上名士云集，当时已鼎鼎大名的梅兰芳特地自北平赶来为吴昌硕贺寿，并表演了自己的经典剧目《拾玉镯》。后来，《申报》获平子在丽都酒楼宴请梅兰芳，吴昌硕、于右任、朱孝臧等人也应邀出席。吴昌硕即席挥毫，为梅兰芳作《墨梅》一幅，然后又在画左侧空白之处，题写了一首自作的梅花旧诗：

十年学画梅，颇具吃墨量。
兴来气益粗，吐向苔纸上。
浪贻观者笑，酒与花同酿。
法疑草堂传，气夺天池放。
能事不能名，毋乃滋尤谤。
瘦蛟舞腕下，清气入五脏。
会当聚精神，一写梅花帐。
卧作名山游，烟云真供养。

在画幅右侧，吴昌硕又题字纪念。草书名家于右任也在画上题诗一首。此诗是吴昌硕的旧作，有几个版本，略有出入，也是吴昌硕有关梅花的得意诗作之一。

一个月后，吴昌硕听说梅兰芳又将来沪献艺，不胜欣喜，事先画了幅梅石图作为见面之礼。画中梅态风姿舒展，如梅兰芳“贵妃醉酒”中绰约舞姿。又题诗云：

危亭势揖人，顽石默不语。
风吹梅花树，着衣幻作雨。
池上鹤梳翎，寒烟白缕缕。

表达了这位艺术大师对梅兰芳的爱护和深厚情谊。

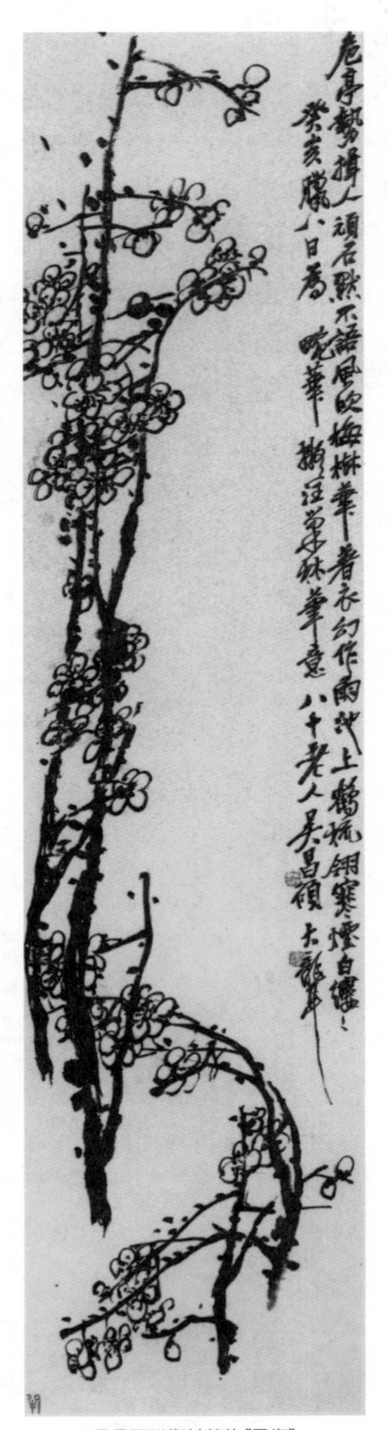

吴昌硕赠梅兰芳的《墨梅》

由于名重一时，交游颇广，吴昌硕欠下的笔墨之债很多，有些债主与吴昌硕的情谊很深，他们的债吴昌硕还是愿意还的。一天，他收到昔日游西湖时结识的栖霞寺僧人的来信，索求梅花一幅。读罢来信，吴昌硕想起了与这位僧人昔日的交往。当时，自己借宿于栖霞寺中，发现寺僧淳朴可爱，双方谈禅论诗虽不能尽得彼此要领，但这并不妨碍他们真心的交流。那时候山花盛开，二人相携步月，"拂苔坐顽石，俯视湖光如一鉴。风穿疏林，香堕襟袖，相对甚乐焉。"别后数年，一个栖霞方外，一个风尘奔走，"回首旧游，如在梦寐"，感慨良多。于是吴昌硕"为扫梅花老干，结一重翰墨因缘"。画罢，又题诗一首云：

苦铁苦受梅花累，草堂寂历求酣睡。
人间何事贵独醒，苦以冰霜涤肠胃。
山僧磨墨远道寄，梅枝索貌孤山寺。
二月春寒花着未，下笔恐触造物忌。
出门四顾云茫茫，人影花香忽相媚。
此时点墨胸中无，但觉梅花助清气。
枯条着纸墨汁干，时有栖禽落远势。
当年木榻移栖霞，记得里湖同寝馈。
岭上月色迟不来，行脚从之踏寒翠。
莓苔同坐香同参，上乘禅能通一鼻。
别泪春来挥几度，忍饿空山定憔悴。
愧无粥饭共朝餐，画里梅花足心醉。

吴昌硕在杭州时，也时常去余杭的超山赏梅。他对超山梅花的感情也可由一首小诗中看出：

十年不到香雪海，梅花忆我我忆梅。
何时买棹冒雪去，便向花前倾一杯。

1927年春，吴昌硕最后一次游超山时曾对报慈寺僧说，"愿百年后埋骨香雪坞"。这年11月，吴昌硕因中风病逝于上海寓所，后来，其后辈遵照遗命将他埋葬在超山宋梅亭后山麓。墓门前石柱上有沈卫太史撰联曰："其人为金石名家，沈酣到三代鼎彝，两京碑碣；此地傍玉潜故宅，环抱有几重山色，十里梅

花。”墓地距著名的宋梅仅百步。与他同葬超山的还有杭州著名画家姚虞琴，两人都因喜欢梅花，生前就相约死后同埋超山，吴葬山北，姚葬山南。

九、灵峰山下补梅翁——周庆云

灵峰山下的这位补梅翁名叫周庆云，今天，很多人早已不知其为何许人了，其实在清末民初，他是沪杭一带极为有名的儒商。

周庆云像

周庆云(1864—1933)字景星，号湘舲，别号梦坡，生于上海，浙江吴兴南浔人。在周庆云出生之时，他的生父周昌大和养父周昌炽以及叔父周昌富已经合资在上海集贤里开设周申昌丝行，并在南浔开设周申昌丝号，在家乡收购土丝，运到上海直接售给洋行的外贸通道，以此积累了大量财富。周庆云1881年十八岁时中秀才，开始随父经营。到了他这一辈，家中已不仅经营丝绸业，还经营盐业。到了1905年，周庆云已经成为浙盐权威人物，在全国盐商中也具有重要地位。他积极支持和投资由汤寿潜与刘锦藻发起创办的全浙铁路公司，参加浙江拒款保路活动，并成立“拒款会”、“铁路保存会”，周庆云被推为议长。1907年，为抵制外国银行侵占金融市场和开发地方经济，由浙江铁路公司董事会发起，在杭州创设浙江兴业银行，周庆云便是大股东之一。1912年，他担任两浙盐业协会会长。1914年，周庆云在上海成立苏五属盐商公会，被选举为会长。同年，为了对抗外货，周庆云在杭州创办天章丝织厂，这个丝织厂到了1930年成为杭州三大丝织厂之一。1915年，周庆云辑百卷本《盐法通志》出版。1916年，他又发起并投资开采长兴铁矿，与王家襄、沈灏等成立了长兴矿业公司、大兴矿业公司、阜兴铁矿公司。他还出资赞助长兴合溪、江西安福两个煤矿，使得自己的产业由丝、盐业拓展到银行、矿山等行业，成为一带巨贾。

周庆云与其他商人的不同之处在于，他在文人中颇有影响，正如好友章太炎给他写的墓志铭中所说："清世膏腴之家，亦颇有秀出者，往往喜宾客，储图史，置酒作赋，积为别集，以异流俗，行文之士犹蔑之，谓其以多财，著书大抵假手请字，无心得之效也。吾世有吴兴周子者，独异是。"因为他"家既给足，藏书至十余万卷，性善别铜器，获古彝亦至多，以是工篆隶"，为人颇具才情，性亦高雅。周庆云雅好诗词、书画、文物。1913年曾在上海发起成立"淞社"，有吴昌硕、郑叔问、刘承干等名流加盟，周庆云被推选为社长。他酷爱古琴，所收古琴、琴书号称"江南第一"。1922年，时任浙江省教育厅厅长的张宗祥负责组织抄补缺损的文澜阁《四库全书》，周庆云出资并组织捐款助成此事。周庆云本人的著述也十分丰富，辑成的《梦坡室丛书》就有书四十五种，四百六十九卷之多。

周庆云与杭州缘分很深，除了前面提到的在杭兴办工厂等之外，他还在西溪重建了秋雪庵，建了一座两浙历代词人祠，编撰了《西溪秋雪庵志》和《历代两浙词人小传》、《续历代两浙词人小传》。而作为一位爱梅人，他对杭州的一大贡献就是灵峰补梅，并编撰《灵峰志》。前文有述，灵峰一带的梅花始自明代中后期，道光年间固莲溪承父志重修灵峰寺，并种梅百本，遂有灵峰探梅之目。咸丰己未春，陆小石约好友共十八人雅集于此，由杨振藩（蕉隐）绘《灵峰探梅图》作为纪念。后来，太平军两次攻占杭城期间，灵峰梅花被焚毁，但这幅《灵峰探梅图》被陆小石之子陆有壬保护下来。当时的很多名流观画后都留下题咏，慨怀陈迹。据周庆云之子周延礽编《吴兴周梦坡先生年谱》"宣统元年己酉"（1909）条、周庆云《灵峰补梅图》的题款及其为莲溪长老手写《华严经》的跋记载，周庆云于是年正月初三偶游灵峰寺，住持莲溪上人将阳湖杨蕉隐《灵峰探梅》图卷及相关题咏拿给周庆云观赏，当他读到杨雪渔（文莹）的诗"补梅绘咏更何年？山灵日日望吾辈"时，被深深打动，见此地梅径久芜，树影花香已无复当年胜概，遂决定灵峰补梅。是年二月，他便在寺外至半山一带共补栽梅花三百本，并在寺西"起屋三楹，曰'补梅庵'。更筑亭曰'来鹤'；疏泉曰'掬月'；依泉筑屋，名之曰'掬月艇'。并葺罗汉廊、庋经室，游息之所皆备。"宣统二年（1910）工程完工。此次补梅，沈尹默有《灵峰

补梅记》，记载颇为详尽：

往岁，梦坡周先生得蕉隐所图《灵峰探梅》卷子，出以相示，其中题咏，大抵咸、同时故老，有声于当时者也。世运凌夷，流风易沫。自洪杨之难作，兵力所及，靡地不墟，杭州破坏，而灵峰胜境，若蕉隐所图梅花如雪者，亦复荡然无遗迹矣。夫湖山名迹，大半狃于游人耳目，而灵峰以幽远之区，山径芜秽，舆夫野人有所不晓，则三数文人，风雪穹山之会，寒梅寄傲，杯酒写怀，适自足耳。历事浸久，宜其湮没而无传也。梦坡悯焉，叹胜境之久淹，且有慨夫前修雅志之莫续也，于是依山树梅数百株，且即山寺之西偏，起小屋三楹，额曰补梅庵。榱桷材而不斫，编黄篾以被壁障，曾崖荫茂树，入处阒然，意兴顿远，曾不知其所居隘也。庵右数武，掘地出泉，渊然以清，名曰掬月。面前有屋，小如艇，名以泉名。掬月艇之后，因废殿作长廊，植罗汉松于败龛中，墙外竹树缘山覆其上，苍翠相映，亦可玩也。泉迤西，开石通道，盘纡而升，有亭焉。登览之，顷湖山全胜，悉归眼底。湖以外天光水色，微茫相接者，江也。烟峦

梦坡探梅图

隐约可指数者,越中诸山也。盖寺在山之半,而亭处又益高出山数里,望之直在翠微间矣。寺中废宇,亦且饬治,取便宴坐,复为藏经之室。于是,游息之所殆备。实经始于宣统纪元之春,落成于二年冬。凡历日若干,费财若干。是中曾无奇石珍卉之玩,崇台邃馆之娱,草树不翦,自成幽逸,静居移日,实契遐心。斯岩谷之情,知不异于曩昔,而偃仰之适,谅无过于今兹耳。日者,先生饮余于寺之眠云堂,文酒乐甚,属为记其原始,将勒石壁间,以诏来者。且言曰:"山水胜地,非人力可攫而私有也。凡吾所营,但当舍诸寺中,吾至且主,吾去则来游者尽人主也。是葺是保,则有赖于后之好事者耳,它又何望也。"予闻而称曰:惊哉言也。遂并识之。①

灵峰补梅庵完工之后,周庆云在庵内挂了一幅彭玉麟的山水立轴,为设色雪景,是彭玉麟辛酉(1861)夏在湖北舟上所绘,有题诗云:"孤峰峭拔雪弥漫,冻破飞泉漱玉寒。绕屋梅花千万树,两人若个是袁安?"周梦坡认为这幅图画意诗情,唯灵峰有此境,所以将雪帅的这幅画挂在补梅庵,以为印证。

周庆云补梅灵峰之后,仿杨蕉隐之《灵峰探梅图》,请人绘《灵峰补梅图》,以为纪念。据秦国璋《灵峰补梅图跋》云,周庆云请"吴待秋诸君分绘为图,以传于后世。展斯图者,莫不曰:此昔者某某探梅处也。"周庆云《灵峰补梅图咏》之序云:"图为石门吴澂、归安包公超、仁和郑履征各绘四页,乌程谈麟书绘三页,安吉吴俊卿题篆书'灵峰补梅图'五字。"吴澂即秦国璋所说的吴待秋,吴俊卿即是吴昌硕。由此可见,《灵峰补梅图》由四人绘制,共一十五幅。《灵峰补梅图题咏》中有作者之一包公超为自己所绘《灵峰寺图》、《补梅庵图》、《掬月艇图》、《来鹤亭图》题的四首诗。此事按说已经非常清楚,但据周庆云之子周延礽所编《吴兴周梦坡年谱》"宣统元年己酉"条云:"(灵峰补梅)沈先生君默为之记,秦散叟绘《灵峰补梅图》,征题纪事。"然后又加按语云"《探梅》、《补梅》两图卷,癸丑合印行世,有府君序,原卷仍送归寺中。"谓《灵峰补梅图》为秦敏树所绘,似乎也不会有错。而据周庆云《灵峰志》,秦敏树曾应周庆云所托画了一幅《东坡生日灵峰宴集图》。

① 周庆云:《灵峰志》卷四上。

所谓“东坡生日灵峰宴集”是指宣统二年十二月十九日，即苏东坡生日，周庆云邀集胜流游宴灵峰。周庆云号梦坡，因他仰慕东坡，并曾梦见东坡来访，叩以何处山水为胜，故有此号。东坡有诗“灵峰山下宝陀寺，白发东坡又到来，前世德云今我是，依稀犹记妙高台”。[1]而潘飞声《题灵峰补梅图》中有“前世东坡今子是，依稀犹记旧灵峰”，便是从东坡诗中化出，并以梦坡为东坡后身，亦可证东坡与梦坡之间的深厚渊源。此次宴集乃是灵峰当时的一大盛事，沈尹默有《东坡生日灵峰宴集序》云：

梅花图

> 宣统二年，岁在庚戌，十二月十九日，梦坡先生邀集胜流，游宴灵峰。入山已深，婆娑竟日。江湖之士，冠缨之伦，靡不谢牵羁于俄顷，抒幽思于无穷。是日，盖东坡生日也。遐缅高贤，弥契林薮，而叔季败朴，真风告逝，宁堪嗟叹哉！夫东坡以大雅之才，笃清静之素，廿年转徙，再判杭州。其流

① 《灵峰志》卷三人物，苏轼条。

风被民，异世犹称。虽未遂闲放而贞于吏隐，故迈俗之均发为歌啸翰墨之迹，传播江湖。北山之麓，幽远之区，固当年裙屐之所至也。绵世浸久，灵光靡接，居今思昔，能无兴慨！今兹仕宦之途，每绝情于风雅，而山林真逸，遗世为高。安肯效一字之咏，复令知名于当世乎？梦坡先生雅倧好文，不官不隐，行综人事而志在丘壑，故结庐兹峰，且资逃俗。而平生景行苏公，若或梦见，爰以今日宴集群贤于此，不有诗歌，焉申雅意？酒酣高咏，固所宜也。要非竞胜于篇什，亦各摅其情志曰尔。[1]

此次宴集与当年陆小石己未雅集的规模相仿。据周庆云《东坡生日灵峰宴集图题咏》之序云："与会者为丹徒戴壶翁启文，余杭褚伯约成博、稚昭成昌，秀州沈衡山钧儒，桐乡郑佩之衔华，钱塘孙廑才智敏、戴彤轩兆鋆，仁和郑遗孙履征、程光甫宗裕，海宁马绪卿汤楹，归安包迪先公超、沈君默中，同县俞康侯玉书、张笃生善裕，及儿子延礽。"其中沈衡山即是沈钧儒，沈君默即是沈尹默，都是后来的著名人物。包公超、郑履征更是参与了《灵峰补梅图》的创作。在秦敏树《东坡生日灵峰宴集图题咏》的序云："宣统二年庚戌腊月，坡仙诞辰，梦坡先生招集同人宴于灵峰补梅庵。辛亥秋八月，属为补图并题。"此画的缘起说得也很清楚。问题是在周梦坡的《灵峰志》分别有对《灵峰补梅图》和对《东坡生日灵峰宴集图》的题咏，说明这是两幅画，秦敏树本人也曾在吴澂等人所绘《灵峰补梅图》上题诗。因为笔者未能见到这些作品，其中原委不得而知。或者是秦敏树后来也画了《灵峰补梅图》，或者是周延礽是以《东坡生日灵峰宴集图》为《灵峰补梅图》，或者有其他说法，留待达人。现摘录数首题画诗，重现当年之事。

周庆云《灵峰补梅图咏》[2]其一：

北山之麓径新开，佳境何劳细翦裁。
月下江涛看叠雪，雨馀涧水欲鸣雷。
穿林幽鸟时相逐，拂槛闲云任自来。
安得胜缘坡老续，岭头重起妙高台。

---

① 《灵峰志》卷四上。

② 《灵峰志》共辑《灵峰补梅图》题咏诗一十四人四十二首，词五人五首。

原注：苏长公灵峰寺题壁有“前世德云今我是，依稀犹记妙高台”之句。

其二：

买山无力借山居，萧寺尽多隙地馀。
削竹却教编竹径，诛茅先取覆茅庐。
偶疏池沼通泉脉，为补梅花带月锄。
亭畔或来孤屿鹤，水边消息问何如。

原注：予于灵峰寺侧别营补梅庵，庵旁有沼，偶为疏浚，忽通泉脉。清宁容月，疑若可掬，遂以掬月名其泉。依泉筑屋，并名之曰掬月艇。又于山麓辟石径，缘径而上，于峰峦缺处树一小亭，额曰来鹤，亦和靖之志也。登其亭，则越山江涛，西湖北郭。尽在目前。

其三：

胜流觞咏已成陈，妙画空留劫后春。
无恙灵山重卜筑，剧怜长老任艰辛。
偶寻泉石亲鱼鸟，莫问梅林孰主宾。
岫有还云僧退院，方知吾亦是闲身。

原注：寺旧藏《灵峰探梅图》卷子，咸、同朝名流题咏甚多。山僧莲溪兼主萧山龙兴寺讲席，航海请经，携是卷至日下，复征题于当代名公，松禅七古尤为杰作。藏诸精蓝，足为山林生色。莲溪固有功于梵林者，今已退院矣。

指点西湖一径斜，林峦幽处过山家。
门藏修竹峰藏寺，朝采松苓夕采霞。
除却暗香与疏影，别无异卉及奇葩。
放翁高致蕲王逸，总为梅开雪后花。

原注：山故有梅，凋谢殆尽。予为补种三百本，遂复旧观。

沈尹默《题补梅庵》云：

凌虚靡劲翮，逍遥挟八荒。霜雪交四序，冥色生高堂。
坐阅尘世人，恶艰竞侯王。渊渊山水理，于兹异炎凉。
诛茅媚穹谷，怀哉此周行。高名今见殉，寂寞岂其常。
沈沦既不易，萌志亦高翔。昔闻市朝隐，今见丘山性。
循隙遵荒涂，服御迫从政。高怀缅前修，信志崇逸行。

灵峰何年辟，山寺弥幽复。故老厌喧嚣，颇言寄觞咏。
风雪满天地，不踏孤山径。寒葩岂终荣，根枯随岁竟。
三椽写新构，百树复前盛。障岩修竹密，凿土方池净。
惬心在寓目，苍翠深桐映。栖止爱长夏，非必悦冬令。
沉冥契妙理，世缘绝将迎。幽籁发清虚，知情信予圣。
少欲决世网，叔季郁忧心。嘉遁岂不念，岁月坐浮沉。
淹留力事蓄，尘秽愧书琴。乡邦佳山水，及兹颇幽寻。
出意埃墙内，微尚感苔芩。清赏寄高咏，逸情美薄斟。
仁德乐崇峻，林峦理致深。岂要适俗韵，烟霞饷知音。
嘒嘒新蝉响，冥冥灌木阴。良候伊可怀，当风愿投簪。
抱梅遂终老，何论古与今。

此诗可见沈尹默昔日情怀。

周庆云《东坡生日灵峰宴集图题咏》[①]云：

北山有灵峰，精蓝启山麓。西晋迄炎宋，而名北天竺。
眉山爱旧游，裙屐常往复。珍重壁间诗，玉带留空谷。
流风异代称，仰止非我独。我有石刻砚，遗像殊庄素。
思之复思之，梦寐觌面目。雄浑金焦山，名论惊叹服。
耿耿未能忘，仪表拓画幅。韵事集空山，客亦不待速。
为言岳降辰，瓣香共虔祝。山中何所有，梅花种绕屋。
泉流无声颂，山茂医俗竹。相识有鱼鸟，与游惟豕鹿。
佣贩皆冰玉，爱才意可掬。林薮孰相契，叔季磋败朴。
遐缅到高贤，羁牵谢仆仆。竟日此婆娑，柴门无剥啄。
茶烹洗钵池，酒饮山家漉。题诗耸吟肩，作画稿藏腹。
相忘有春秋，一任闲云逐。

周庆云此诗先写灵峰的历史及东坡旧游，次写自己因砚后东坡画像梦见东坡造访之事，再写灵峰雅集，最后写题诗作画及自己的感受。此诗以缅怀东坡为主，对当日的热闹场面描写不多。

---

① 《灵峰志》辑《东坡生日灵峰宴集图》题咏诗八人一十三首。

第二节　民国名人与西湖梅花

民国时期的杭州，名流荟萃，大师云集，各路学说异彩纷呈，是个古今中外文化的大熔炉。民国对杭州产生影响的时间前后不过三十余年，但留下的印记却极为深刻，是杭州历史上的又一黄金时期。只可惜民国国运不济，内忧尚未完全解决，外患便接踵而至，刚刚有些起色的杭州便被日寇的铁蹄蹂躏，哀哉可伤。

自民国开始，梅花便在中国人的心目中有着特殊的地位。1929年，南京国民政府曾拟以梅花为国花，取代由清政府1903年敕定的国花牡丹。这个计划虽未付表决，但此后梅花实际上是扮演了国花的角色。国民党高级将领的肩章及帽徽上皆以梅花为饰，南京民国阵亡将士纪念碑上也饰以梅花图案。国民政府之所以以梅花为国花，乃是因为当时国家多难，取意梅花坚忍不拔、傲霜斗雪的精神，鼓舞民众共度时艰。

从后来另一位著名的爱梅人毛泽东的咏梅诗中我们可以看到，梅花所代表的这种精神也为共产党人所推崇。所不同的是，毛泽东笔下的梅花更有一种首倡天下的烈士情怀，壮烈的背后乃是一种高傲的浪漫和洒脱。可以说，梅花精神激励着国共两党的爱国志士在民族危难之际付出巨大牺牲，取得抗日救亡的最后胜利。新中国成立后，梅花依然是国花的热门之选。

民国时期的西湖情状，在洪如嵩对范祖述《杭俗遗风》“西湖探梅”条的增补中历历可见：

自民国纪元，西子湖亦从而革命。西湖何能革命？革旧有地位势力之命也。新市场成立，即为西湖之一大游览地。向之涌金门外，无势力存在之余地，所谓藕香居、三雅园、西悦来等肆，已早销声匿迹，地亦为他人别墅矣。新市场本旗营旧址，光复后，逐满人而收没其土地，辟为市场，游人均麇集于此。最堪骋怀游目者，为湖滨公园。每当夕阳西下，红男绿女，往来不绝。品茗所，以西园为最著名，兼售酒菜，园面公园而居，登楼小酌，山光水色，落入杯座中，令客乐而忘倦也。

西泠桥边之苏小墓，今已焕然一新。离墓数十步外，有松风石塔、武松墓、鉴湖女侠墓、郑贞女墓在焉。庐舍庵已废，行宫改为西湖公园及图书馆。圣因寺本四大丛林之一，自火毁后，即其基改建为忠烈祠，诂经精舍亦改为六一祠矣。要之，光复以后，湖上建筑，日盛一日，山庄别墅，触目皆是，记不胜记。余近年拟作《明湖拾翠集》一书，举凡卅里湖中之新建筑，及其楹联匾额，地位主人，一一胪举，现正从事搜辑，假我时日，或能有成，兹不备录。

游船聚集处，即在湖滨公园之侧，除水月楼、兰言舫、四不像、板踏儿、小划船外，又有汽船。其法，用小划船一只，尾置一小机器，机声轧轧，驶行如飞，极乘风破浪之乐。即小划船亦改良旧式，上设布蓬以蔽阳光，旁施铜槛以便倚靠，中置小方桌，可以品茗对弈，虽仅能容四人膝，而风和日美，打桨湖中，远眺山光，近挹幽濑，此乐仙子不啻也。“撑摇儿”今呼为“板踏儿”，若搭船至公园，每客极少须铜元五六枚，遇令节，则倍之，小划船亦然。

孤山梅花，在前清时，为路人攀折殆尽。民国时，由工程局补种新树百余株，今已渐复旧观。山之麓有林社，为前清林迪臣太守之墓。太守官杭州府，有政声，西湖金沙港蚕桑学校，为其发起人。殁时，遗嘱命葬于此。杭人之被其泽者，每于四月间先生殁日，为之公祭，结林社于孤山之放鹤亭焉。

西湖饮食店，向推五柳居，继起者有楼外楼、壶春楼，今则首推杏花村。所谓间福居、闲乐居者，今已无有。吃茶，则以公园为最宜。每当九月，园中菊花盛开，罗列佳种，多至数百，各以小牌，标题名称于其上，任人评骘。届时都人士女，纷至沓来，亦一盛会也。

西湖饮食店，近来又在平湖秋月，添设“山外山”一家。其地正临湖

滨，风景绝佳，每当夏日，夕阳在山，纳凉就饮者，尤络绎不绝，座为之满。临风把盏，爽气迎人，岚光云影，落入杯座间，不啻入清凉世界。故其生涯，亦以夏令为独盛。

自轮轨通行，外省来杭游湖者日益众，各庙寺僧，又视为谋利之一大好机会。每在禅房而外，添筑精舍，以供游人之住宿。如塔儿头之上善院；里湖之兜率院、招贤寺、智果寺；葛岭之抱朴庐；湖堤之广化寺；岳坟之香山洞、紫云洞；玉泉之清涟寺；虎跑之定慧寺，均已新建高楼大厦，其余昭庆、净慈、云栖等寺，更无论矣。春季则住香客，夏季则住富户之避暑者。地极幽雅，饮食亦清洁，但膳宿费则无一定，要之较住旅馆，尤为昂贵。

洪如嵩的这段文字所及已不止是“西湖探梅”，而是一幅民国时期西湖的风情画。不过，从今天杭州留下的大量民国时期的建筑看，当时的杭州的确是繁华的。孤山的梅花也由政府的工程局出面补种，西湖繁华风雅依然。

一、朱自清灵峰探梅

光绪二十四年(1898)，著名文学家朱自清在苏北的一座小城东海县出生。五岁时，朱自清随父母迁居扬州。“二十四桥明月夜，玉人何处教吹箫。”扬州号称“江北的江南”，虽不及三吴都会的杭州，但也可谓风月无边、花团锦簇。可是朱自清的家里人似乎都不甚爱花，所以他对花所知甚少，只知道蔷薇什么而已。印象比较深的，还是街巷里走动的卖花姑娘，自己也因此爱上了花。朱自清自己也清楚，他爱的恐怕不止是花。

朱自清像

丰子恺《卖花女》

1927年初，朱自清离开了著名的白马湖，举家来到了北平，住进清华园。这一年二月，曾经在白马湖春晖中学时的同事加好友丰子恺的第二本画集在上海开明书店出版，里面的一幅《卖花女》，一下子勾起了朱自清对江南的怀念，这种回忆一直萦绕着他。也是这一年，他发表了著名的散文《荷塘月色》，他想起了《采莲赋》，想起了《西洲曲》，“这令我到底惦着江南了。”不论是田田的荷叶，还是逼仄小巷里飘来的栀子花香，都充满了江南的味道。除此之外，应该还有梅花罢！

在去白马湖之前，朱自清曾在杭州一师任国文教员。那时的一师和后来的白马湖都是新文化运动在江南的重镇，人文荟萃，灿若霞霓，乃至后来再没有任何一所中学能有如此辉煌的光彩。也在一师任教期间，朱自清领略了杭州的梅花。少年时，由于钟情于新文学，对喜欢用旧体诗吟风弄月、歌花咏草的诗人名士，并无闲心赏花。在一师时，他的一位同事是一位拥有深厚旧学根基的新诗人，看花极有兴致，朱自清便时常和他一起去孤山看梅，不过仍旧没有很高的兴致。当时孤山的梅花不多，更无临水而开的，根本领会不到“疏影横斜水清浅”的雅趣。孤山也太过热闹，记得有一次他与这位朋友在放鹤亭喝茶，来了一个方面有须，穿着花缎马褂的人，用湖南口音和人打招呼：“梅花盛开嗒！”因为他的湖南口音将这个“盛”字说得特别重，倒是把朱自清着实吓了一跳。所以他对孤山的梅花没有太多印象，倒是这个“盛”字深深地印在朱自清的脑海里。

其实，他的那位朋友也不是喜热闹的人，看花爱择清净之地。他听说灵峰寺有三百多株梅花，由于远在深山，去的人少，所以兴致很高，便约了朱自清和另外一位同事同去。当时去灵峰的路不似今天方便，他们是在湖边雇了船到岳坟，然后从岳坟沿着曲曲弯弯的山路到达灵峰寺的。灵峰寺规模不大，周庆云补种的那三百株梅就在大殿西边的小园中。东墙下有三间净室，最宜喝茶看花；在北边小山的亭子上，湖山风景尽收眼底，甚至还可以看见钱塘江。此时的梅花并没有开，只打了些珍珠般的花骨朵，繁星点点，倒比孤山上“盛”开的更有风致。当时，寺院的僧人正在做晚课，暮鼓声声，梵音阵阵，和着袭袭梅香，陶醉了这三个青年。他们徘徊于梅花丛中，久久不忍离去。但是天毕竟黑下来，又无月色，深山不留人，他们只好向庙里要了一个旧灯笼下山去了。周围一片漆黑，远远看去，这灯笼就像林间漂浮的一点萤火。这三个青年在山上几乎迷路，被人家守夜的狗追着咬，很是狼狈。终于回到了岳坟，朴实的船夫仍然在等他们，相信这三个书生模样的青年不会枉了他的等待。从这天开始，灵峰的梅花就深深印入了朱自清的脑海里，那样一个醉人的黄昏，那样一个紧张的黑夜。①

二、郭沫若与《孤山的梅花》

梅花！梅花！
我赞美你！我赞美你！
你从你自我当中，
吐露出清淡的天香，
开放出窈窕的好花。
花呀！爱呀！
宇宙的精髓呀！
生命的泉水呀！
假使春天没有花，
人生没有爱，

① 朱自清灵峰探梅之事，见他的散文《看花》，原载于1930年5月4日《清华周刊》第33卷第9期文艺专号。见《朱自清全集》第一册第150—154页，江苏教育出版社，1988年版。

到底成了个什么世界？
梅花呀！梅花呀！
我赞美你！
我赞美我自己！
我赞美这自我表现的宇宙的本体！
还有什么你？
还有什么我？
还有什么古人？
还有什么异邦的名所？
一切的偶像都在我面前毁破！
破！破！破！
我要把我的声带唱破！

这首《梅花树下的醉歌——游日本太宰府》是1920年郭沫若在给宗白华的信中所写的诗。在这首诗中，我们看到了一个充满浪漫和激情，充满自我表达、自我肯定愿望，以及充满叛逆精神的青年才子的形象。他借了赞美梅花，来赞美自我，赞美生命和爱，明显受到了泰戈尔的影响。此时的郭沫若一定是在新文化运动所带来的新观念的冲击下，发现了自我内在生命中爱的激情，并由着它澎湃而去。此诗便是他生命发出的呐喊。

1925年初，郭沫若另一篇有关梅花的作品《孤山的梅花》问世。这篇散文从“我”收到的数封来信开始，“孤山的梅花这几天一定开得很好了，月也快圆了，你如果想到西湖去玩，最好这几天去，我们也可以借此得以一叙”。“我对于你正像在《残春》里白羊君口中说出的‘得见一面虽死亦愿’一样，正渴望得很呢。”“你如有回信，请寄杭州某某女校余猗筠小姐转，因为我没有一定的住处。”……信的署名是“余抱节”。这几封信文句柔和，字迹清雅

郭沫若像

秀丽，在“我”的脑海中不由生出一个念头：此“余抱节”便是“余猗筠小姐”的化名，故意用了男性的假名，“她这人真好！……选着月圆花好的时候，叫我到西湖去和她相会”。“在风尘中得遇一知己，已经是很不容易的事情，何况这位知己还是一位青年女性呀！”“这杭州我是一定要去的，我是一定要去的！”可是当今军阀混战，“我”的妻子和三个孩子刚随“我”回国，“我只是去看花，去会一位女朋友，我怎么对得起我的女人，更怎么对得起我的三个儿子呢？”于是，“我”心下踌躇，打算不去了。结果倒是妻子怂恿“我”去，“去了也可以写两篇文章来”，并且不辜负人家的一片好心。于是，“我”乘火车到达了杭州，月台上并没有人迎接。我按照余抱节提供的地址，找到了旅馆，一路上充满了幻想。但到了钱塘旅馆，那里并没有姓余的客人住过，杭州的那所女校也没有“余猗筠”这个人，而孤山的梅花还要等两三天才开，“我”似乎已没了兴致，当晚便回了上海。

这篇散文开始吊足了读者的胃口，最后是没有结果的结果，作者甚至连几个伤感惋惜的字都不肯留下。郭沫若与孤山梅花的故事似乎仅此而已。但是如果我们在看郭沫若差不多同时写的组诗《瓶》，便会读到一个使郭沫若魂牵梦绕的美丽的杭州姑娘，以及他们在杭州的故事。《瓶》的第一首诗说：

静静地，静静地，闭上我的眼睛，
把她的模样儿慢慢地，慢慢地记省——
她的发辫上有一个琥珀的别针，
几颗璀璨的钻珠儿在那针上反映。

她的额沿上蓄着有刘海几分，
总爱俯视的眼睛不肯十分看人。
她的脸色呀，是的，是白皙而丰润，
可她那模样儿呀，我总记不分明。

我们同立过放鹤亭畔的梅荫，
我们又同饮过抱朴庐内的芳茗。
宝俶山上的崖石过于嶙峋，

我还牵持过她那凝脂的手颈。

她披的是深蓝色的绒线披巾，
有好几次被牵挂着不易进行，
我还幻想过，是那些痴情的荒荆，
扭着她，想和她常常亲近。

啊，我怎么总把她记不分明！
她那蜀锦的上衣，青罗的短裙，
碧绿的绒线鞋儿上着耳根，
这些都还在我如镜的脑中驰骋。

我们也同望过宝俶塔上的白云，
白云飞驰，好像是塔要倾陨，
我还幻想过，在那宝俶山的山顶，
会添出她和我的一座比翼的新坟。

啊，我怎么总把她记不分明！
桔梗花色的丝袜后鼓出的脚胫，
那是怎样地丰满、柔韧、动人！
她说过，她能走八十里的路程。

我们又曾经在那日的黄昏时分，
渡往白云庵里去，叩问月下老人。
她得的是："虽有善者亦无如之何矣"，
我得的是："斯是陋室惟吾德馨"。

像这样漫无意义的滑稽的签文，
我也能一一地记得十分清醒，

啊，我怎么总把她记不分明！
“明朝不再来了”——这是最后的莺声。

啊，好梦哟！你怎么这般易醒？
你怎么不永远地闭着我的眼睛？
世间上有没有能够图梦的艺人，
能够为我呀图个画图，使她再生？

啊，不可凭依的哟，如生的梦境！
不可凭依的哟，如梦的人生！
一日的梦游幻成了终天的幽恨。
只有这番的幽恨，嗳，最是分明！

第三首：
梅花，放鹤亭畔的梅花呀！
我虽然不是专有你的林和靖，
但我怎能禁制得不爱你呢？

梅花，放鹤亭畔的梅花呀！
我虽然不能移植你在庭园中，
但我怎能禁制得不爱你呢？

梅花，放鹤亭畔的梅花呀！
我虽然明知你是不能爱我的，
但我怎能禁制得不爱你呢？

第十六首：
姑娘呀，啊，姑娘，
你真是慧心的姑娘！

你赠我的这枝梅花
这样的晕红呀,清香!
…………
啊,姑娘呀,我是死也甘休,
我假如是要死的时候,
啊,我假如是要死的时候,
我要把这枝花吞进心头!

在那时,啊,姑娘呀,
请把我运到你西湖边上,
或者是葬在灵峰,
或者是放鹤亭旁。

在那时梅花在我的尸中
会结成梅子,
梅子再迸成梅林,
啊,我真是永远不死!

在那时,啊,姑娘呀,
你请提着琴来,
我要应着你清缭的琴音,
尽量地把梅花乱开!

在那时,有识趣的春风,
把梅花吹集成一座花冢,
你便和你的提琴,
永远弹弄在我的花中。
…………
啊,我真个有那样的时辰,

我此时便想死去，
你如能恕我的痴求，
你请快来呀收殓我的遗尸！

郭沫若的这组诗一共四十三首，我们只能摘取其中的一小部分。这些诗明明白白地记载了他在杭州的一段爱情，他曾热烈地沉入爱河，饱尝了相思之苦。这组诗充满激情，成为中国新文学运动时期爱情诗歌的代表作之一。问题在于，这组诗几乎与《孤山的梅花》这篇散文同时问世，而这篇散文是以“我”的扑空结束了这段虚幻甚至有些诡异的“爱情”。

因此，这里便有个真假的问题。以前，很多研究郭沫若的学者都认为，《孤山的梅花》是自传性的散文，而《瓶》则是一段想象的爱情。不过，从最近的一些研究成果和资料看，《瓶》中所述更为真实，而《孤山的梅花》则半真半假。

沈飞德曾在二十世纪九十年代采访过郁达夫的第二任妻子王映霞，了解到郭沫若创作的《瓶》，源自于他与杭州女子师范学校学生徐亦定的一段真实感情。据徐亦定本人回忆，1925年春天的一个偶然的机会，她的堂兄同来到杭州的郭沫若一起游西湖，叫了她同去，于是结识了郭沫若。当时他们一起游玩了好多地方，爬了宝石山，游了灵峰，但当时梅花并没有开，郭沫若觉得很惋惜。一个星期之后，徐亦定收到了郭沫若的来信，信不长，说了那天游湖之事，并写了两首即兴的诗。徐亦定当时对郭沫若也颇有好感，于是回信告诉他西湖的梅花已经开了，并折了一小枝夹在信里寄去。此后，她每周都能收到郭沫若的两封信，一共收了二三十封的样子。徐亦定知道郭沫若有位日本太太，并已儿女成行，如再继续发展，对双方都不利，遂以自己功课忙为借口，打算了结此事。郭沫若的最后一封信，是要徐亦定将他写的信全部退还给他。这个回忆和《瓶》中的记述几乎完全一样，可见《孤山的梅花》一文有此事的影子在，但并不真实，而《瓶》所述则更翔实可信。其实，1936年的时候，诗人蒲风在日本访问郭沫若时，郭沫若已经说了，《瓶》“全是写实，并无多少想象成分”，只不过后人误将“写实”理解为实情，而非实事。[①]

年轻的郭沫若，多情的才子。

① 参见陈俐《郭沫若的〈瓶〉与〈孤山的梅花〉互文关系再探》，《郭沫若学刊》2007年第1期（总第79期）。

三、许宝驹《西湖梅品》

许宝驹小朱自清一岁,浙江杭州人。同朱自清一样,都毕业于北京大学,也都曾任教于杭州第一师范学校。1924年,他参加中国国民党第一次全国代表大会,后任国民党革命军第十八军党代表,国民党浙江省党部特派员、省政府秘书长,国民政府立法委员,全国各界民众抗日联合会秘书长。1941年,在重庆与王昆仑、王炳南发起组织中国民主革命同盟(简称小民革),为主要负责人之一。1945年参加三民主义同志联合会,任中央常委。1948年参加中国国民党革命委员会,任中央执行委员。1949年出席中国人民政治协商会议第一届全体会议。建国后任浙江省人民政府委员,民革第一届中央委员、第二至四届中央常委,第一、二届全国人大代表,第二届全国政协委员。1960年逝世。

1936年初,在《越风》第6期上,许宝驹发表了以文言写就的《月明人倚楼》随笔之一《西湖梅品》,其文如下:

梅之姿欲其寒瘦,梅之态欲其孤逸,"疏影横斜水清浅,暗香浮动月黄昏",颇能状其姿。"雪满山中高士卧,月明林下美人来",颇能肖其态,所以为千古名句也。余游踪不广,读梅不多,即以湖上之梅论之:孤山百株,大抵皆官家补植,数枝临水,清艳殢人。惜杰构不多,余皆柔条嫩枝,罕有苍劲之气。近年通衢既筑,孤山几成闹市,暖日烘晴,游人鳞集,缟袂相联,古艳可狎,处士有知,得毋有入山不深之感耶?灵峰寺亦以看梅著称,实则灵峰自有胜境,其胜不必在梅也。梅皆植于院内,一亩之地,凡数十株,琼英绛萼,众芳暄妍,佳处在此,其弊亦在此。袁中郎《瓶史》云:"插花当如画花,布置不可太繁,亦不可太瘦。置瓶忌两对,忌一列。夫花之意态,正以参差不伦,有天然之妙。"插花犹如此,况种花乎?况种梅花乎?任他梅子熟,我知此僧终不能证菩提境矣。

入烟霞洞,一径苍翠,时闻寒香,虽零落山阿,而韵格高胜,刚健婀娜,正不输红罗亭畔也。西泠印社绿萼一株,临池欹侧,高不及丈,顶圆如车轮,花发亦繁,最为游人称赏,余终惜其以人胜天,斵丧真气,使遇龚璱人必将泣之三日而纵之病梅馆中。他如公园所植,庙堂墓道所栽,

孤山绿萼(周宇皓摄)

则红绿相间,枝叶相当,不啻省墀排衙,墓门华表耳。

世有真赏者,当求之野人篱落之间,或山行失路,误入人家,短竹碍帽,门掩荒苔,忽睹一枝,丰神绝世,殆如世外佳人,相对无言,可以忘饥。薄暝催人,欲留难住,又何减刘阮之入天台耶!此境不可求,只可偶然得之。

吾家安巢别墅,有梅二十本,虽不古,亦不甚今,名骨里红者三株,凝脂炼砂,异于凡卉。绿萼一株,高丈许,亭亭如盖,花底可容五人,席玉麟寂,斜月飞香,时有繁枝也。玉蝶一株,作同心比翼之妆,送春梅则与杏花同发,为姑射群仙之殿。其他或拱或揖,或偃蹇比名士,或轻倩似美人,随其兴之所至,不为世态。安巢僻在山麓,游屐罕至,闭门终岁,与世相隔,群花开落,年年孤芳自赏,自是花中巢许,颇能肖其主人。余尝为逋客,浪迹湖海,故乡花事,久断消息。迨十六年春,始返乡里,居山中,是冬花发特盛,余读书其间,古香漠漠,沁人心脾,一襟绛雪,映带丹铅,如此鼻功德,不知几生修得到也?

余记湖上梅事只此。而真态生香,长萦梦寝者,乃在庾岭。十五年之冬十二月,自粤至赣,逾大庾岭,空山清冷,古梅数百株,南北枝皆著花,大雪以后,鸟雀皆稀,冷艳寒香,凌风却月,令人有天际真人之想,不欲微吟相狎也。一别云山,今生几时再能得到,遥念梅花无恙,天寒日暮,得毋闲煞翠禽耶。

许宝驹此文颇有古代名士风韵,他一共写了八处梅花,其中七处在杭州西湖,即孤山、灵峰、烟霞洞、西泠印社、他家安巢别墅、山间篱落以及公园、庙堂、墓道等地所栽梅树。他对孤山梅评价不高，对灵峰梅也有批评，不过他所说的也十分有道理。比如，孤山本在城外，为隐士所居，梅为隐士所种，而今孤山已如闹市，官家所种梅花也难以与隐士联系在一起，加之都是不断补种的新梅，也少苍劲之趣，这也是无可奈何之事。而灵峰的梅则太密，也太过整齐，少了些自然的韵味。朱自清也曾说，灵峰的梅是“密密地低低地整列着”，但并未因整齐觉扫兴。朱自清去时，灵峰梅花尚有三百株之说，而许宝驹却说“一亩之地，凡数十株”，可见十多年后灵峰的梅花也已损失大半，却仍不免过于繁密之讥。许宝驹崇尚自然之美，所以反对人工的雕琢。西泠印社里的一株绿萼，虽花繁姿异，为有人所钟爱，但却是“以人胜天，斲丧真气”的病梅，可发一叹。

许宝驹爱的是零落山阿的野梅，若是不期而遇则更妙。这不啻求之不得的意外之喜，幽谷艳遇，舍不得，留不住，去后还要枉费思量。许宝驹自家的安巢别墅，僻在山麓，也种有梅花二十株，印象最深的是三株骨里红，一株绿萼，一株玉蝶，“读书其间，古香漠漠，沁人心脾，一襟绛雪，映带丹铅”，真是令人神往。不过，在许宝驹的印象里，大庾岭的数百株古梅是西湖梅花有所不及的。古梅毕竟是古梅，庾岭之梅也是历来为人所称道，而我们西湖的古梅已经难觅踪影，这不能不说是西湖梅花的一大憾事。

四、梅王阁主高野侯

高野侯(1878—1952)名时显，字欣木，号可庵、印林，浙江杭县(今浙江余杭)人。他在光绪年间中过举人，官至内阁中书，是清末民国时期杭州有名的高义泰绸布庄的主人，颇有家资，又雅好收藏，是西泠印社的早期社员，也是中华书局的创办人之一。他也以书隶、画梅、治印著称，其中又以画梅最为有名。

高野侯画梅少有师承，多由揣摩家藏名家墨迹而来，金石大家丁辅之尝为他治闲章一方云：“画到梅花不让人”，野侯也颇以此自负。因爱好收藏，他家藏的历代画梅作品有五百余件，并刻了一方“五百本画梅精舍”章以志其事。民国十四年(1925)，他购得一幅王冕的《墨梅图》，至为珍爱，便在自家花园中建了一座“梅王阁”，以藏此画，似乎有以此画为众梅之王之意。今天的永丰巷十三号便是当年高野侯的梅王阁所在地。

据洪丽娅《高野侯“梅王阁”藏画》一文说，“梅王阁”收藏了数千件前人金石、书画、碑版类文物。偏重于江浙地区书画家的作品，时间跨度大致在明清至近代，以中层画家为主，但也不乏重要的作品，特别是以时代社会中的名公硕学之墨泽为支撑，使“梅王阁”藏画更具有了史料价值的特色。如《明陈继儒梅花》、《明李琪枝梅花》、《清宋葆淳为翁覃溪画东城偃松屏图合幅》、《清马立中雪景山水》、《清杭世骏香满珠村》、《清屠倬梅花》等等，许多作品史料价值和艺术价值兼备而尤以前者为重。“梅王阁”藏画曾有过分类和编号，从收藏的遗迹考察，按内容和形式分成八类，如：梅花、仕女人物等，书法、花卉植物、禽鸟动物博古等，山水、宗教画像、碑拓印章等，并分别以英文字母注出类别。“梅王阁”藏画大都有装裱，特别是册页和装扇页的蓝布囊盒，制作讲究，内衬有橘红色的朱砂层作保护，据说有防霉和防蛀的作用。“文化大革命”时期，“梅王阁”的收藏受到了冲击，有关单位把高家的查抄文物上交到文物管理部门。高野侯儿

高野侯的梅花图（一）

媳翁世媞女士回忆说:“父亲在世时嘱咐过，可把东西捐给国家”,1984年高家便慷慨地将三千余件被查抄文物全部无偿地捐献给了杭州市文物管理委员会,并将“梅王”《元王冕梅花卷》也一并转捐。值得一提的是,此卷经鉴定是明代画梅高手陈録所作，借托王冕之名。可是当年著名的鉴定家高野侯,见多识广的吴昌硕都未能识破，并被封为“梅王”,足见陈録作画水平之高。

高野侯的梅花图(二)

我们在前文提到过汪汝谦和柳如是之间的交往,也提到过《柳如是尺牍》。当时著名历史学家陈寅恪先生在写那部著名的《柳如是别传》时,所用的并非明刻本,脱误极多。据夏承焘先生天风阁日记,1957年,夏承焘去广州拜见陈寅恪，陈谈柳如是遗事甚详，夏承焘说杭州高野侯家有柳如是写给汪汝谦的尺牍，陈寅恪大喜,要夏代求。夏回杭州打听到《尺牍》的下落,说“女主人甚矜贵,此书非数十元所能办”,陈寅恪随即表示可以出一百元，但高家的人表示决不出售。不得已,陈寅恪只能抄几段读不通的段落请夏先生代为校核,最终也没有得到这本《柳如是尺牍》。①

① 参见安迪《〈柳如是尺牍〉的遗憾》。

五、马一浮与梅花

马一浮像

治中国思想史者恐怕无人不知马一浮，而非此道中人或仅闻其名。马一浮，号湛翁，晚号蠲叟，或蠲戏老人，国学大师，新儒学三驾马车之一，著名书法家、诗人。

光绪九年(1883)，马一浮出生在四川省成都市，六岁时随父回到了浙江老家，以后便一直寓居于杭州。马一浮自幼聪颖过人，有神童之称，小小年纪已经很难找到能教他的老师了。1898年，这个身材矮小、顶着大大的脑袋的小才子去绍兴县应县试，结果中得第一，名声大噪，同场的周树人、周作人兄弟也排在了他的后面。后来任民国交通总长的乡贤汤寿潜调来了马一浮的文章，一读之下大加激赏，心慕其才，便将自己的女儿汤孝愍许配给他，只可惜汤孝愍不久便去世，此后，马一浮终身未再娶。

1903年，马一浮到了美国，任清政府驻美使馆留学生监督公署中文文牍，兼任万国博览会中国馆秘书。他在美国约翰书店买到了英译本《资本论》，后又购得德文原版，并将其带回国内。这是流入中国的第一部《资本论》。马一浮回国后，在镇江焦山海西庵住了一年，对西学进行了一番消化，然后于1905年年底转回杭州，住在广化寺，每天去文澜阁读《四库全书》，自此“自匿陋巷，日与古人为伍，不屑于世务”。经过长期闭门苦读，马一浮终于成为学贯中西，会通儒佛的大师级学者。他的挚友李叔同曾对丰子恺说：“马先生是生而知之的，假定有一个人生出来就读书，而且每天读两本，而且读了就会背诵，读到马先生的年纪，所读之书还不及马先生之多。”马一浮自然不是生而知之的，但从李叔同的话里可以看出马一浮的博学带给他的惊讶。

马一浮、熊十力、梁漱溟被并称为新儒学三驾马车，此三人交情甚笃，人们更是戏称“熊十力”与“马一浮”为一个对联。熊马二人定交于1929年，当时来到杭州的熊十力慕马一浮之名，欲求一见。时任浙江图书馆馆长的单一庵告诉他，马先生是不轻易见客的，熊十力便将自己的《新唯识论》先寄给马一浮。这是一部十分大胆而且深奥难读的著作，非有深厚的佛教唯识学功底和极精密的思辨力，否则是无法读懂这部著作的。结果有一天，马一浮居然亲自登门拜望了熊十力。《新唯识论》文言本下半部是在杭州完成，由马一浮作序并题签。熊对马的序非常满意，认为天下无第二人能序得。熊十力为人心高气傲是有名的，能如此说，足见他对马一浮的推重。然而，这一对新儒家的主将后来却产生了分歧。抗日战争全面爆发后，马一浮离开了杭州，先是应竺可桢之聘去浙大讲学，后又在蒋介石的支持下在四川乐山乌尤山乌尤寺创办著名的复性书院，熊十力也应马一浮之邀担任书院主讲人之一。熊十力本对马一浮主持书院十分支持，但由于马坚持按传统模式办书院，使得熊十力十分不满，在熊看来，书院不能恪守传统，也不能只研习六经。二人见解不同，熊十力便离开了书院。

但这并不意味着二人的分道扬镳，以道相交的人之间的友谊从来不会如此脆弱。新中国成立后，马一浮曾有一首为熊十力贺寿的诗，足见二人情谊：

孤山萧寺忆谈玄，云卧林栖各暮年。

悬解终期千岁后，生朝长占一春先。

马一浮手迹

天机自发高文在，权教还依世谛传。

刹海花光应似旧，可能重泛圣湖船！

马一浮与熊十力都是爱梅之人，马曾为十力之红梅馆题诗一首，虽以梅花喻十力，但也可见在马先生的笔下梅花格调之高：

硕果从缘有，因华绕坐生。

芙蓉初日丽，松柏四时贞。

绰约颜如醉，芳菲袖已盈。

不忧霜雪盛，长得意分明。

马先生之爱梅由来已久，旧时读书的文澜阁便在孤山之阳，他对孤山的梅花一定是太熟悉了。直至去世前几年，他仍拖着老病之躯，暂扶衰步孤山访梅。

梅影坡

马一浮晚年的多数时光都是寓居于今天花港观鱼内的蒋庄。花港观鱼牡丹亭畔那个有名的“梅影坡”便与马一浮有关。杭州市园林局原总工程师胡绪渭的儿子胡泽之在回忆父亲的文章里便提到了“梅影坡”的来历。他说父亲胡绪渭在设计花港观鱼牡丹园高坡绿化时犯了难,“因为站在坡顶亭台上俯视园景,发现通向牡丹亭的几处进出口小路把这块高坡隔得支离破碎,影响了牡丹园的整体美。如果改成一处进出口, 那么游人多时难免会踩坏花木。父亲再三思考还是一筹莫展,此事搁置了许多天。不久他去国画大师黄宾虹家,见到大师家墙上挂着的一幅梅花图,画面景物巧妙的布局与构思让他产生了灵感,回家便铺开图纸开始设计,他在高坡平面上,设计出用黑白卵石砌成疏影横斜的梅树倒影图案,图案旁设计种植一棵红梅,那么图案与红梅就形成了一体。这样,几处进出的小路便被掩隐在梅花丛中了。一天,国学大师马一浮先生来观赏时,见此景便随口吟出“梅影坡”三个字,从此这景就叫“梅影坡”了。当竖碑时,先生已去世多年,父亲只好寻遍马一浮先生生前的墨宝,拼凑出‘梅影坡’三个字作马老为石碑的题词。”①所以,“梅影坡”虽非马先生的创意,但名字和字则都是马先生的。

灵峰的梅花马一浮也时常去观赏。1958年的一天,他同好友苏盦一同去灵峰赏梅,当时周梦坡补梅灵峰寺的遗迹已经荒圮,壁间题咏断缺,庭间有老梅一株,号曰“唐梅”,尚著一花,给这位老人带来些许春意。只是此时他看见有人持枪猎鸟,又在归途中经过玉泉时看见游人投鱼粮,观鱼争食为乐,马老先生颇生感慨:“人之好恶虽殊,其不仁一也。”遂口占一绝云:

颓龄观化入山迟,老树新花见一枝。
林下经行池上坐,饭鱼弹雀怪同时。

像马一浮这个年龄的思想家,又经历了中国历史上最为动荡的时代,早已阅尽世态的变迁,所以用了“观化”二字,为什么赏梅是观化?因为梅得地气之先,知阴阳转换之消息,所以梅花的开放在哲人眼里别有一番意义。自清末周梦坡补梅以来,此地梅花所历世事也大抵与自己相仿,老梅虽只著一枝花,但早已见得消息分明。荷枪取鸟,观鱼争食,人的不仁之心其端已现,恐日后不免人心之祸。此诗句句写实,似诗非诗,虽云赏梅,却语调沉暮。对比他于1944年集杜诗自题堂联:“侧身天地更怀古, 独立苍茫自咏诗” 的气魄,后来的马老先生有如入了禅定。如果联想到1957年发动的反右斗争,此

① 胡泽之:《回忆父亲胡绪渭》。

暗香浮动

时的马一浮似乎已经预感到暴风雨已经不远了。

马一浮是一位融通儒释道的思想家,他的赏梅诗与众不同,很少直接描写梅花,而是边记事边沉思,观物观化,所以他的诗常常深含哲理,比如“独怜草木蕃,遍界泯恩怨”;“暂使心神舒,坐忘鱼鸟乱”;“吾观万物作,道在功成退。惑者计荣枯,天心何向背”;“世智矜大年,延促同一类”;“好古已知同好事,游人今悟是劳人。漫夸老梅寒岩秀,争似清泉定里身”等等,都颇有庄禅味道,喜欢俏丽句子的人,读到马先生的诗恐怕会觉得味如嚼蜡,而知此为体道之言者,又会觉得意味深长,这也是他与纯粹的诗人不同所在吧!

第四章 西湖新梅

抗战期间，由于受到日军铁蹄的蹂躏，西湖的梅花在短暂的繁荣之后迅速衰败，孤山的梅花几乎消失殆尽，而灵峰寺已经坍毁，僧侣星散，周梦坡补种的梅花因无人照管而日渐凋零，仅存断墙残壁与洗钵池、掬月泉、来鹤亭等遗迹，往日探梅雅集的热闹场面有如尘梦。

1949年新中国成立之后，梅花在中国的地位并未因蒋介石政权的失败而衰落，梅花仍然是中华民族顽强不屈精神的象征，仍是国花的最热门之选。在杭州，孤山的梅花得到了不同程度的恢复。放鹤亭、孤山东面平地、北麓山坡、中山纪念亭坡地、西泠印社等地都不断充实梅花。据1980年调查，品种有宫粉、骨里红、绿萼、玉蝶、送春梅、照水梅等十余个品种，计四百余株。[①]

1951年杭州市人民政府建设局园管处确定了植物园的选址，并在灵峰寺四周补植红梅数百本，重现探梅旧观。但后因管理不善，梅树再度衰败。1956年，灵峰寺旧地归属杭州植物园，辟为果树区，改种金橘、蜜桔、苹果等果木，灵峰梅花再度沉寂。“文化大革命”期间，很多园林专家被打倒，人们哪里还有心思寻幽探梅？杭州梅花尽管命运多舛，屡遭劫难，但只要杭州的爱梅人还在，杭州的梅花终有复兴之日。由于孤山的自然环境已经不是十分适合梅花的生长，所以杭州梅花的复兴之地选在了灵峰。1986年，杭州市园林文物管理局决定重建、扩建灵峰探梅景区，梅花数量已达五六千株。二十年后，沉寂已久的西溪重新被唤醒，这一片仅存的湿地被保护下来，被辟为国家级湿地公园。人们又想起了明清之际这里繁茂醉人的梅林，以及隐居于此的高人韵士。于是，梅竹山庄、西溪梅墅、西溪草堂等部分与往日梅花有关的景点得到恢复，河渚探梅的胜景也正在成为现实。杭州的梅花与城市一样，又迎来了新的发展机遇。

---

① 参见施奠东主编：《西湖志》，第788页，上海古籍出版社1995年版。

第一节　毛泽东与梅花

毛泽东对梅花具有深厚的感情，在他生前使用的器物中，处处留有梅花的影子。据说，在韶山毛泽东同志纪念馆展出的遗物中，有二百多件产自江西景德镇和湖南醴陵的生活用瓷，包括碗、碟、茶杯、笔筒、烟灰缸等，都绘有各种梅花图案。除了瓷器之外，他日用的地毯、手帕、桌布等也多绣有梅花图案。在中南海，毛泽东的寓所旁也有几株挺拔的百年老梅，冬日大雪之时，毛泽东便会在百忙之中抽空立于梅花之下，欣赏在漫天大雪之中怒放的红梅。“梅花欢喜漫天雪，冻死苍蝇未足奇。”雪中的红梅，不知寄托了他多少情怀。

毛泽东对杭州有着特殊的感情，自1953年至1975年二十二年间，他一共到杭州四十次。杭州的梅花对于毛泽东来说是再熟悉不过的了，孤山的林和靖也是他极为欣赏的人。在杭州时，他曾专门前往孤山寻访林和靖的旧迹。他也非常喜欢林和靖的诗歌，一次在杭州时，他曾要秘书田家英帮他借林逋的诗集，田家英托好友史莽找到了两个版本，一种是涵芬楼影印双鉴楼所藏明抄本《林和靖先生诗集》，另一种是清康熙吴调元校刊的《和靖诗集》。他尤其喜爱林和靖的梅花诗，曾手书《山园小梅》中的名句“疏影横斜水清浅，暗香浮动月黄昏。”[①]他也曾一日三找咏梅诗，那是在1961年11月6日。那天早上6时，毛泽东写信给秘书田家英：“请找宋人林逋（和靖）的诗文给我为盼，如能在本日下午找到，则更好。”田家英很快将林和靖的诗文带来了，

① 毛泽东手迹中“黄昏”作“昏黄”。因此句中“黄昏”并不做“黄昏时分”之“黄昏”解，作“昏黄”不误。

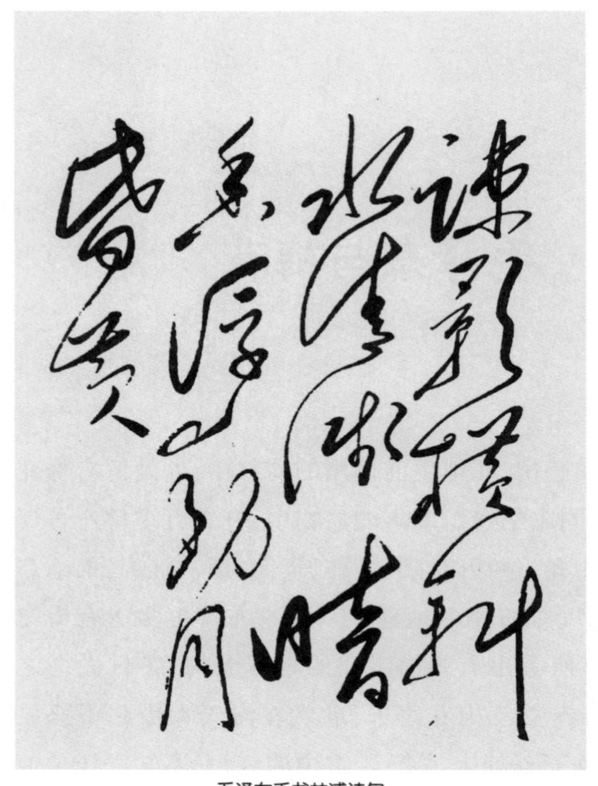

毛泽东手书林逋诗句

毛泽东翻阅了一下其中的咏梅诗，没有找到自己想要的内容。于是上午8时半，毛泽东再次给田家英写信：“有一首七言律诗，其中两句是‘雪满山中高士卧，月明林下美人来’，是咏梅的，请找出全诗八句给我，能于今日下午交来最好。何人何时写的，记不起来了，似是林逋的，但查林集没有，请你再查一下。”不久，毛泽东自己想起来了，于是又追加了一封信：“家英同志：又记起来了，是否清人高士奇的。前四句是：琼姿只合在瑶台，谁向江南处处栽。雪满山中高士卧，月明林下美人来。下四句忘了。请问一下文史馆老先生，便知。”田家英很快查出，此诗是明代高启的《梅花》九首之一，后四句为“寒依疏影萧萧竹，春掩残香漠漠苔。自去何郎无好咏，东风愁寂几回开。”毛泽东深爱此诗，于是挥笔抄录了这首诗，并在前面加了一段引子云：“高启，字季迪，明朝最伟大的诗人。”[①]可见毛泽东对其人其诗的赞赏。王祎曾评论高启云：“季迪之诗，隽逸而清丽，如秋空飞隼，盘旋百折，招之不肯下。又如碧水芙渠，不假雕饰，翛然尘外，有君子之风焉。”[②]谢徽云：“季迪之诗，缘情随事，因物赋形，横纵百出，开合变化而不拘于一体之长，其体制雅醇，则冠裳委蛇，佩玉而长裾也。其思致清远，则秋空

① 毛泽东一日三找咏梅诗，见罗永常《毛泽东的梅菊情》，《党史天地》2000年第3期；又见林雁《论毛泽东与梅花》，《北京林业大学学报》2007年第1期。

② 《缶鸣集序》，《吴都文粹续集》卷五五。

素鹤，回翔欲下，而轻云霁月之连娟也。其文采缛丽，如春花翘英，蜀锦新濯。其才气俊逸，如泰华秋隼之孤骞，昆仑八骏追风蹑电而驰也。”[①]高启的才情可见一斑。毛泽东开始之所以误记成林和靖所作，大概是觉得这句诗只该林和靖这种高士写得出吧！他如此赞叹高启，也能从侧面看出他对林和靖的敬佩。

毛泽东为什么一个上午三找咏梅诗呢？如果我们知道毛泽东那首著名的《卜算子·咏梅》的初稿就是于1961年11月在广州完成的，便可知他如此急切的寻找咏梅诗的原因所在。那段时间，他集中阅读了大量的咏梅诗，正是为创作新词作准备。是年12月3日至8日，毛泽东又来到杭州视察。其实，毛泽东在这一年的7月已经来过杭州，隆冬时节咏梅新词初成之时再次来访，不知是否有来此探梅之意。

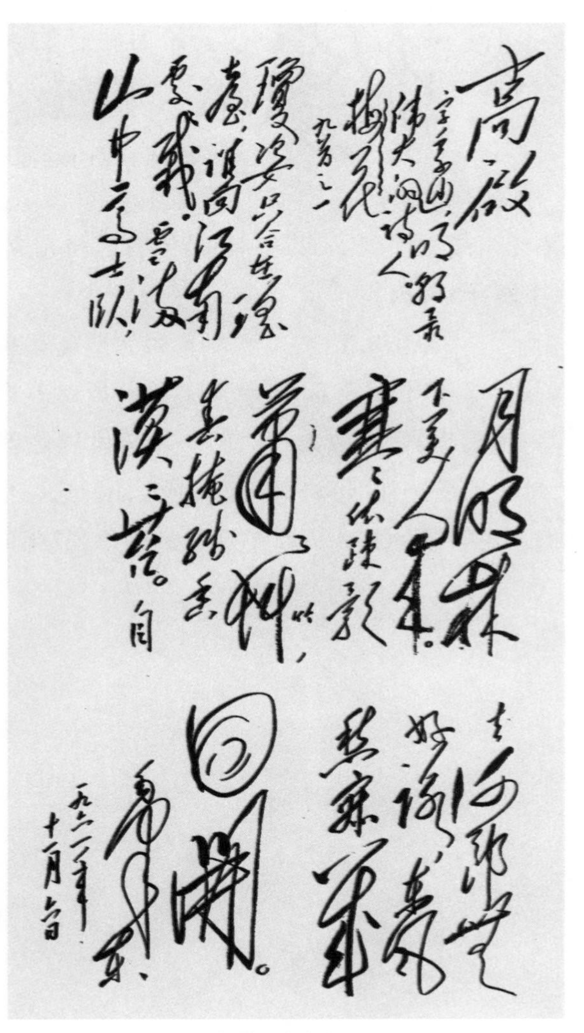

毛泽东手书高启诗

① 《缶鸣集序》，《吴都文粹续集》卷五五。

毛泽东手书《卜算子·咏梅》

毛泽东随后回到了北京，当月便将广州完成的初稿改动了几个字后定稿为《卜算子·蝘梅》：

风雨送春归，飞雪迎春到。已是悬崖百丈冰，犹有花枝俏。

俏也不争春，只把春来报。待到山花烂漫时，她在丛中笑。

《蝘梅》后来改为《咏梅》。从传世墨迹看，“读陆游”，墨迹作“仿陆游”，“悬崖”，墨迹作“悬岩”。有不少人怀疑这幅墨迹是否真正出自毛泽东之手，但不可否认的是此词是毛泽东的创作，其他问题本书存而不论。

第二节　灵峰探梅的再度恢复

前文有述，灵峰一带明中叶已有大片梅花，而探梅之目则始于清道光年间固庆于此植梅之时。太平军攻克杭城时，这片梅花毁于战火。清末，周庆云又于此补梅三百株，灵峰梅花复盛。抗战爆发，日军占领杭州，灵峰寺寺倒梅枯。二十世纪五十年代初，虽然又有补种，但也只数百株规模，因管理不善而再次消亡。"文化大革命"期间，这里的梅花没有再得到恢复。

到了改革开放后的1986年，杭州市政府决定投资建设恢复"灵峰探梅"景区，成为植物园各种专类园之一——梅花专类园。工程分三期完成。前两期工程总投资一百三十三万元，要求两年完成，建筑包括茶室、外宾接待室、商店、亭、楼、停车场等十三项土建工程，工程由园文局规划设计室设计，园林工程处施工，植物园方面负责梅花品种的引种栽培及植物配置。[①]次年年底，灵峰探梅主体工程竣工。重建后的灵峰探梅景区，占地面积一百五十余亩，星布而成漱碧亭、云香亭、瑶台等观梅景点。重建后的梅园，成为杭州三大著名赏梅区之一。1988年，灵峰探梅景区正式对外开放。1992年建成蜡梅园，种植一千余丛蜡梅；1994年建成品梅苑，是梅园精华所在，有梅树百余株；2002年建成灵峰主景游步道，恢复来鹤亭。目前，灵峰梅园及品种基地共有梅六千余株（盆），露地种植的梅树有三四千株，以真梅系直枝梅类的江梅型、朱砂型、绿萼型、宫粉型为主，占总数的97%以上。灵峰的江梅型品种主要是建园初期从萧山诸坞、余杭超山等地引进的大批果梅品种和从各地

① 参见《杭园文[86]27号》。

灵峰探梅(何惠芬摄)

引入的实生苗。江梅型占梅花总数的一半以上,朱砂型在四分之一左右,绿萼型及宫粉型皆不及百分之十。[①]灵峰的园林设计和珍贵梅花品种多次在国内外获得大奖。

今日灵峰之梅，不论品种、数量还是占地和园林设计皆为昔日所不能比。清代及民国时期,灵峰尚属偏僻之地,而今,灵峰探梅景区交通已极为便利,虽仍在深山幽谷之中,并非举足即至,但是早已不必费朱自清来此探梅时的那么多周折了。随着科技的不断进步,杭州这些年春节都有梅讯播报,为人们安排赏梅活动提供方便。因此,每年花期灵峰景区都会迎来日达万人次以上的游客。

关于新中国成立后灵峰补梅的情状,后文有许丽虹对胡中先生的专访,这里就不再赘言。

---

① 参见胡中《杭州灵峰梅花品种现状与分析》,《北京林业大学学报》,2004年第26卷增刊。

第三节　西溪梅花获得新生

人言杭州有“三西”，即西湖、西泠、西溪，此三西皆曾有梅。西溪梅自宋始为人所知，至明清之际大盛，清后期日渐沉寂。至民国时期，十八里香雪只能见诸典籍了，去西溪者多观秋雪。西溪梅花的再度恢复，是近几年的事情，这完全得益于西溪湿地保护工程的实施。这一工程使得西湖呈现出孤山、灵峰、西溪三大赏梅胜地并盛的局面，旷古未有。它标志着西湖梅花发展进入鼎盛时期。此时，距林和靖隐居孤山整整一千年。

一、西溪湿地保护工程

西溪自明中叶至清中叶期间，经历了近三百年的繁盛，清后期开始渐渐衰落，至民国时期，这里的许多名园古刹因年久失修而相继倒塌，风光不再，所余者唯野趣而已。新中国成立后的一段时间，由于城市建设以农业、工业、交通、房地产为主，加上对湿地认识上的偏颇，使得对西溪湿地的保护被忽视，法华寺、老东岳庙、永兴寺、秋雪庵、交芦庵、曲水庵等被毁或改作他用。尤其是近年来房地产业的迅猛发展，吞噬了西溪的大片土地，以湿地形式

西溪湿地全景图

存在的西溪已从历史上的60多平方公里缩小到10.08平方公里。由于当地生产、生活基础设施配套不完善，即便仅有的这一小块土地的生态环境，也被人类活动所产生的垃圾、生活污水严重破坏，尤其是当地养猪业带来的污染尤为严重。

近年来，随着人们对环境和文化意识的大幅提高，西溪湿地的生态价值和文化内涵逐渐被人们所重视，保护杭州城市之“肾”，保护西溪独有的自然景观和文化遗产的呼声越来越高。中共杭州市委、市政府顺应民心，作出了对西溪湿地实施综合保护的决定，并通过长达六七年的调查和课题研究，专家论证，实践总结，制定了《西溪湿地综合保护工程总体规划》。2003年8月，杭州市西湖区西溪湿地保护工程指挥部成立。不久，《杭州西溪国家湿地公园总体规划》出台，确立了“生态优先、最小干预、修旧如旧、注重文化、可持续发展和以民为本”的六大综合保护原则。经国家林业局组织专家实地考察，2005年2月2日，正式批复西溪湿地作为国家级湿地公园。西溪湿地由此成为全国首个也是唯一的集城市湿地、农耕湿地、文化湿地于一体的国家湿地公园。

西湖区西溪湿地保护工程指挥部的成立，标志着西溪湿地综合保护工程的正式启动。按照《西溪国家湿地公园总体规划》要求，西溪国家湿地公园

西溪一角

综合保护与建设分三期组织实施，规划面积为10.08平方公里，第一期综合保护工程面积为3.46平方公里，主要对核心区块实施保护和利用，范围为秋雪庵保护区及曲水庵保护区；第二期综合保护工程面积4.89平方公里，主要对外围保护地带实施整治，重点对西溪湿地内及花蒋路两侧农居的拆迁和环境整治，营造良好的湿地农(渔)耕生态环境，恢复西溪湿地的历史及民俗文化景点，建立与生态旅游相适应的配套服务设施；第三期综合保护工程面积为3.15平方公里，主要在生态保护培育区及自然景观游览区区块。整个湿地公园的一、二、三期工程建设前后共需5年左右时间。其中第一、二期工程由西湖区政府组织实施，第三期工程由余杭区政府组织实施。

从2003年底开始，西湖区便开始了对湿地内的农户和企事业单位的征地拆迁工作。在征地动迁过程中，除了严格执行市征地拆迁的有关政策外，还制订了农舍按时拆迁奖励、经济补偿政策，赢得了大多数村民的理解和支持。在征地动迁的同时，生态建设也同步进行。西湖区邀请生态、古建筑等专家参加现场指导工程施工，并建立设计、施工、监理三结合协调机制，加强原生态保护。为此，划定了生态保护、生态恢复、历史遗存三个保护区块，将西溪湿地中生态环境较好、最精华、最具湿地特色的区块实行相对封闭保护；加强地形整理，营造大水面、浅滩、沼泽和水草地，优化植被配置，充分尊重原有地形、地貌、植被，采用大量的乡土树种进行植被恢复，并建设梅花、桃花、芦苇等六个培育基地；在农田、养殖场及树林、院落、花园、绿地上设置了人工鸟巢等设施，吸引鸟类的栖息，再现群鸟欢飞景观；从疏浚、截污、配水、生物治理四方面入手，改善西溪湿地水体环境和水体质量，并在二期、三期工程中将钱塘江水引入西溪，以彻底解决西溪水质问题。

西溪综合保护工程的一个重要内容，就是挖掘西溪历史上的文化遗存，把它融入西溪景点之中，展示于世人面前。以一期工程为例，充分吸收“文化前置介入”的成果，按修旧如旧的要求，有选择地恢复了烟水渔庄、秋雪庵、泊菴、梅竹山庄、西溪草堂、西溪水阁、西溪梅墅和深潭口等八大人文景观和124幢建筑，突出了历史上的文人逍遥地和词人圣地；收集民间家具、农具900余件；发现越剧首演地陈万元古宅等数处老民宅以及有保护价值的河埠头、古桥、驳坎，落实了相应的保护措施；论证并命名了一批楹联、匾额、舟

香雪庐

虚阁

梅竹吾庐

浮亭

船、桥梁的内容和名称；开展了西溪民俗文化保护和历史典故、传说的挖掘整理工作，其中蒋村的“龙舟胜会”、“西溪拳船”被列入杭州市民间民族文化保护名录。二期工程还恢复了曲水庵、茭芦庵、高庄和洪钟别业，为了更好地展示西溪一带的古街集市风貌，还修建了河渚街和蒋村集市等。[①]

到目前为止，前两期工程已基本完成，其古朴自然的原始风貌大异于西湖，给今天住惯了钢筋水泥的人们以别样的亲切感受。泛舟河渚曲水，两边芦苇丛生，植被茂盛，竹篱茅舍星罗棋布，倦看鸟飞，卧听鱼跃，欸乃之声营造出一份西溪独有的宁静，片瓦寸椽无不自为幽古，和纷繁喧闹的都市形成鲜明的对比。张岱云：“西湖真江南锦绣之地，入其中者目厌绮丽，耳厌笙歌。欲寻深溪盘谷，可以避世如桃园菊水者，当以西溪为最。”今日何尝不是如此。相信假以时日，古人所谓参天老竹、蔽日长松的旧观也有可能复现，只是不知此地尚可隐居否，还能有真正的田园生活吗？

---

① 相关资料由杭州西溪湿地公园管委会办公室提供。

二、西溪梅花的恢复

西溪本以春梅秋芦闻名，今之秋雪庵一带秋冬之交仍能弥望如雪，那冬春之际的十八里香雪又如何呢？其实，在西溪原本香雪就是压倒秋雪的，所以人们不会忘记西溪的梅。为此，西溪湿地从临安等地引入大批梅树，并且专门建立了梅花的培育基地。

据西溪工程部的濮隽介绍，西溪一期工程植梅7570株，其中果梅4800株，朱砂红600株，宫粉500株，玉蝶800株，垂枝梅50株，骨里红500株，美人梅300株，绿萼20株。二期工程植梅8390株，其中丛生美人梅3000株，玉蝶、绿篱等750株，朱砂红800株，果梅600株，宫粉1000株，骨里红1200株，朱砂梅800株，美人梅200株，绿萼30株，垂枝梅10株。这一组看似枯燥的数字，足以让我们相信如今西溪梅花的规模之大及其绚烂多彩。西溪不仅多梅，而且多竹。西溪国家湿地公园有一处以梅竹文化为主题的区域，包括西溪草堂、西溪梅墅、梅竹山庄等。离周家村码头不远，有一条幽长的小径，夹路都是千姿百态的梅花，颇有引人入胜的意味。这条小径便是通往梅竹文化区的。

这里的西溪草堂前文也有提及，其主人原是明代著名学者冯梦祯。因爱西溪的“冷、野、淡、雅”，遂在安乐山永兴寺边上建了座西溪草堂以为别业。其原址在今天的西湖高级中学内。现在的西溪草堂是易地恢复的，离西溪梅墅和梅竹山庄不远。草堂临池而建，依池塘分作南北两部分。南面为正房，二层建筑，名唤“快雪堂”，这本是他在孤山的堂号。快雪堂高敞通达，精致讲究，堂前一盆古梅，不由得让人想起他昔日在永兴寺种植的那两株著名的绿萼梅来；旁边为书房，名唤“真实斋”，取诸法实相之意，可用来供佛；草堂压水而建，茅草盖顶，颇有情趣。

西溪梅墅(陈江华摄)

西溪梅墅以前颇见题咏。明诗僧大善《曲水庵八咏》之《西溪梅墅》诗云:“十里梅花放,门前水亦香。溪山皆逞艳,草木尽成妆。检点寿阳额,参差水部墙。一枝临小阁,劲骨对寒芳。”诗僧大绮《西溪梅墅》诗云:“孤山狼藉时,此地香未已。花开十万家,一半傍流水。”这里虽雅称“梅墅”,但并非某名士的别业,而是以前梅农的一组小建筑。现在恢复的西溪梅墅毗邻西溪精华区域秋雪庵保护区,是一组田园农舍风格的建筑,主要有西溪梅墅、香雪庐、览春亭、共山小筑,还有春信桥、杏梅园、红梅坞等。西溪梅墅是梅树非常集中的地方,这里梅花种类很多,有成片的梅林,主要有朱砂、宫粉、绿萼、玉蝶、美人梅、南京红等,是西溪的主要赏梅地之一。

梅竹山庄为清钱塘人章黼所建,是他以诗画会友之处。旧时山庄前文已有涉及,暂不多谈。古梅修竹曾是这里的一大特点。恢复后的梅竹山庄有梅竹吾庐、萱晖堂、虚阁三个主体建筑。山庄内又有梅竹堂、四序斋、浮亭等建筑。根据留下的几幅《梅竹山庄图》看,恢复的梅竹山庄明显大气得多。

曲水寻梅,本是清初西溪的一大特色,但随着西溪梅林逐渐地消失,这一特色景观也随之消失。西溪湿地保护的二期工程恢复了这梦幻一样的景观。二期工程的植梅总数多于一期, 这些梅树大多沿着弯曲迂回的河道两岸种植。以前人们赏梅多以步行,而河渚探梅则是乘坐一叶小舟。现在西溪主河道内行使的大船是不宜用来赏梅的,一则人多杂乱,二则有窗有篷,既妨碍梅香的飘入,又无蓝天作映衬,更无法领略纷纷飘落的梅雪。所以摇一叶小舟最有古意。想当年,刘廷玑在《西溪香国》中写道:“(舟行)深极处,香风习习,落英沾人衣袂。所持酒盏茶瓯中,飘入香雪,沁人齿颊。觉姑苏元墓邓尉,犹当让一头地也。”这是何等醉人的清景!曲水寻梅最宜冬春之际无风之日有极晴的天或极密的雪,独自一人或约两三知己泛舟同赏,实在是再惬意不过了。

关于今天西溪湿地的梅花,后面有专文介绍,此处便不再赘言。

从总体上看,我们的西溪已经足够有魅力了。这里太独特,太宁静,太幽深,原始中带有精巧雅致,朴素中不乏绚丽多彩。相信我们的西溪经过岁月的洗礼会更加深沉,会给我们带来更多发自内心深处的感动。保护西溪的生态,保护西溪沉淀的历史和文化,保护西溪独具特色的景观,对我们杭州的确太重要了。西溪的梅花作为西溪的一大特色景观已经获得了新生。

第五章

爱梅人访谈录

第一节 灵峰探梅访胡中

西湖上唯一的湖岛名“孤山”,又名“梅花屿”。

孤山梅花因北宋的林和靖而扬名。正所谓“疏影横斜水清浅,暗香浮动月黄昏”。冬季,杭城树木萧瑟,在别的花都不敢吐露芬芳之际,孤山的梅花却率先冒着严寒而开了。星星点点如珍珠般的花蕾,曲曲折折乌黑坚硬的枝干,风骨独傲,惊得杭人忘记了寒冷。

林和靖离去后,一代又一代后人前来孤山寻梅。其实,那些古梅,幽幽香魂早已随林和靖而去。后世敬慕林和靖的人一再补植,才使孤山仍然每年一度飘浮起梅花的暗香。

新中国成立后,孤山周围马路、汽车、商店日渐增多,空气质量下降。游客也与日俱增,前往孤山的脚印日渐密集,孤山的土被压紧踏实。而梅花,虽能冰里含苞雪中吐蕊,但它很敏感,性喜幽静、洁净,地上空气不净、地下排水不畅它都忌讳。再加上梅花喜阳,但孤山树木阴翳,留给梅花的生长空间实在是越来越小了。

后来,园林部门终于决定,“孤山赏梅”以人文景观为主,只留少量的珍稀梅树悉心养护作为标志。而梅园,在灵峰山下的青芝坞重建。如此有了我们熟悉的“灵峰探梅”。

那么,灵峰的梅到底该怎么“探”?这是今天的赏梅人所想知道的。当我抱着这个问题一一去询问杭州的“老梅人”时,他们都不约而同推荐了一个人——胡中。

胡中是杭州的“新梅人”,在杭州植物园管理灵峰探梅景区。当我见到他时，才知“新梅人”也不新了，他管理灵峰的梅花已有二十年……

一、为何要复兴灵峰梅花？

1949年杭州解放时，因频繁战乱及杭州沦陷于日本人之手，灵峰寺院破败，梅园荒芜，只留下残断的石碑古塔、半掩的古泉，以及稀稀落落的古树毛竹。

胡中曾专门向青芝坞老农打听，新中国成立后灵峰真的没有梅树了？是啊，周庆云补植梅树，也不过四十年前的事啊。老农说，梅树还是有几株的，不过混杂在乱木丛中，不好找了。

据陈皓老先生回忆，1951年，杭州园林部门曾在灵峰补植红梅数百株。但后来接连的政治运动，使梅林得不到维护。到1956年，梅园干脆辟为果树区，改种金橘、蜜橘、苹果等果木。“文化大革命”期间，园林专家被打倒，养花就是资产阶级思想，要批判。谁敢提赏梅啊？

直到1978年改革开放前后，政府明确将灵峰划归杭州植物园管辖，灵峰的开发才又一次被提上议事日程。当时，植物园领导对怎样开发利用灵峰大动脑筋，多次邀请历届省市政府领导及园林专家前来实地勘探，研究解决之道。

大方向倒容易定下来。为开拓西湖风景区，发展杭州旅游业，这里要建一个与西湖遥相呼应的开放式风景区。但具体规划成什么内容的旅游景点，还是经过许多次讨论的。

观点渐渐集中到建造梅园这一点上。理由有三：

一是老底子就有声名远扬的“灵峰探梅”，民国年间，朱自清还与友人去灵峰赏梅，觉得那里的梅花很有味道，不肯回来，后来打着火把下山几乎迷路。沈钧儒曾题灵峰补梅庵：“漫空竹翠扶山住，数点红梅补屋疏。”一个景点复苏要比重造容易。

二是杭州为历史上颇具盛名的赏梅城市，杭州要发展旅游业，梅花必不可少。但当时（1980年前后），孤山梅花受地理位置和环境的制约，眼看着不可能大力发展。而西溪，那时还是围荡垦田，拆庵建厂，不要说梅树没有，连湿地都不见了。如果灵峰探梅能够恢复，就填补了这一空白。

三是梅花的生长习性,正需要灵峰这样的地方。梅花最怕水涝,排水不及时,梅根容易腐烂,或因大量落叶而死。所以种梅最好是地势较高,或有坡度。梅花对大气污染极为敏感,对烟尘尤其是二氧化硫抗性差,所以空气质量要好。梅花不能在风口栽植,而且只有在阳光充足的条件下,树势才能旺盛,开花也能繁密。而灵峰,离市区较远,人迹稀少,四周山清水秀,环境洁净清幽,年均温度约16.1℃,年均降水量约1401毫米,相对湿度82%,是冬暖夏凉的小气候环境。又因山势回凹,气候较暖,这里的梅花就比别处开得早、谢得迟。两两相对,还真难找更为相配的场所。

1986年,建造灵峰探梅景区的规划终于拍板下来。杭州市园林文物管理局积极筹划,卜昭晖、林启文为主要设计者,植物园和园林建筑工程公司组织落实,"梅花工程"正式上马。那一年,胡中考入浙江农业大学园林系。

据陈皓老先生介绍,那几年,植物园和园林部门的有关人员足迹遍布浙

灵峰梅花图

江、江苏、安徽一带的山野,风餐露宿探访梅树,求援于千家万户,费口舌、费劳力,挖掘、包装、起运、种植,整个过程非常辛苦。现灵峰很多的梅树都是那时挖来的。

施肥、修剪、除虫、嫁接……日复一日。他们新造梅园150亩,新栽梅树5000株。品种有朱砂、宫粉、绿萼等50余个。在他们的精心养护下,这些梅树的成活率达到90%以上。某一刻抬头——梅已成林,林已成片!

1988年2月梅花盛开之际,"灵峰探梅"正式对外开放。当时,不仅杭城市民争相传告,在全国梅界也引起了轰动。由于"灵峰探梅"景区设计、施工极具品位,同年11月还赢得了"浙江省全优工程"荣誉。

灵峰探梅景区开放的第二个年头, 迎来了它的长期管理人。胡中大学毕业,分配进杭州植物园。他被指定负责"灵峰探梅"这一景区。胡中说,那时脑子里并没有梅花,梅花对他来说仅是一植物而已。

而"老梅人"们那时都接近退休年龄了。经过"文化大革命"的浩劫,中间年龄段的人才断档。二十出头的胡中马上要做的就是接过老人们的担子。

胡中先生

然而,谈何容易!他毕业的时候,正是社会上经济热潮涌动时期,搞经济、赚钱是年轻人满头满脑的念头。要他整天管一种植物,开玩笑!

起先纯粹是一种不让父亲丢脸的念头在起作用。他的父亲就是植物园的,那些老梅人就是他的父辈。干吧,跟着他们上梅园, 认识梅树品种,分析长势,弄懂各种病虫害的原因及对付办法。灵峰的热闹在于赏梅,而赏梅一年一度前后不过个把月。余下的那十一个月时间, 灵峰是寂寞的,陪伴它的人只有管理员。

胡中兜里揣着笔记本，去灵峰数梅花的花瓣。"是吗？这么浪漫的活，太羡慕你了！"我几乎惊叫。他很平静："数花瓣，那是要数到你害怕为止。"原来，区分梅花品种，判断其有无变异，花瓣的多少是重要因素。单瓣是指5—7瓣，复瓣8—14瓣，而重瓣是15瓣及以上。灵峰的梅树有五千多株，那个工作量你想象一下吧。怎样？不羡慕了吧？

梅树一年要施三次肥。第一次是6月下旬至7月初，新梢停止生长了，就赶紧施以磷、钾肥，这些都是速效性肥料。此时不能施迟效肥，否则停长的新梢一旦继续生长，肥料都拔了过去，花芽分化力道不足，花朵就少了。哈哈，你又不知道了吧？这冬天能开多少花朵，是初夏就决定了的，不是冬天想开多少就能开多少。

这第二次施肥，是在秋季梅花落叶后。此时清理地面，深翻土层，再施以饼肥、堆肥或厩肥等迟效肥料，作为基肥。不不不，不是鸡的鸡肥，是马厩的那个厩。这次施肥的作用是保持梅树的健壮，让花芽有足够的养分。

第三次施肥要到1月初梅花含苞待放时。这时施以尿素等速效肥，能健花催花。这样，你们来灵峰，就能赏到开得非常好的梅花。

…………

五千多株梅树，在日复一日的耳鬓厮磨中，与他相识了。它们熟悉、认同了他的手法，他也渐渐能叫出它们的名字，知道它们各自来自哪里，有过什么样的身世，每年开花开得旺是因何而高兴，开得不好又是因何而愁苦……到了这个分上，是真正对梅花产生感情了。

当胡中带我在灵峰转悠时，我才真正明白他说的"感情"。只见他一走入梅林，就如进了老友圈子，一路有人跟他打招呼。他介绍一株株梅树毫不费力，张口就来。对了，刚才你说"骨里红"难理解，你看——他小心剥开一点点树枝皮——它的骨架是红的吧。这样的骨架，长出来的梅花必定是红的。

二、灵峰胜迹知多少(上)

通向灵峰探梅景区的路有三条。一条是进杭州植物园大门，往左转，走过桃花园，即进入探梅景区。第二条路是沿老浙大往西，找到青芝坞，一直走即可直接抵达。第三条是山路，从老和山过望湖亭，经将军山边上一条小路，可以走到灵峰山，再踏上碎石子山路，往左面转弯即可到达梅园。

整个景区按园林空间划分为“春序入胜”、“梅林草地”、“香雪深处”、“灵峰餐秀”四大部分。“春序入胜”是前导部分。“梅林草地”占景区面积最大。“香雪深处”是寺院遗址处的主景区。“灵峰餐秀”指周围山景。

如果你是从青芝坞进去，走一点点路就能看到一个圆门洞，好像里面有个园林。走进去才知道是来到了著名的品梅苑。

顾名思义，品梅苑是梅花品种的汇集区。灵峰探梅景区初建时，并无这个苑。后来景区名声响了，赏梅人越来越多，看分散的梅花怕漏掉重点品种，希望能有个地方一下子看到所有精品。而景区的梅花品种越来越多，也需要一个品种汇集区来加强管理，如此一拍即合，终于在1994年建起了这个品梅苑。

品梅苑不小，占地14亩。一进门，迎面就是一幅“梅石图”，好气势！两株

品梅苑

雪后品梅苑(胡中摄)

苍劲红梅下,一太湖石瘦骨铮铮,梅石对比强烈,刚劲简洁。石借梅而灵动,梅借石更艳丽。石上刻一古体“梅”字,那力度好像即刻就能活过来与你对话。我想,大多数杭州人的影集里,都有这幅“梅石图”吧。

苑内总体是园林格局,主要建筑有赞梅轩、长廊、别有春。当然,苑内的主角是梅花。胡中介绍说,植物园一直对这里的梅花品种进行更新调整,原先这里布置了很多梅桩盆景,但随着盆景数量的增加和游人的增多,大批盆景已收入山上基地,展览时改放到了桃花园那里。现在,这里基本是梅树,品种已达百种。

那么多?我简直有些反应不过来。是啊,胡中说,近年来根据杭城春季气候多变的特点,重点引入了“虎丘晚粉”、“送春”等晚花型品种,以延长观赏期。这是从外省引入的,还有从外国引入的。梅花从外国引入?开玩笑吧。胡中说,真的。你看,这些是“黄金梅”、“鹿儿岛红”、“一重寒梅”、“玉牡丹”,都是从日本引进的。

走马观花,来不及细品,我们已来到了一株红梅前。这株梅树,约有两米高,树干直径30厘米左右。奇怪的是这株老梅树身上竟然有些窟窿。胡中说

2006年梅展期间,《青年时报》的记者突然找到他,说报社接到一位周先生的电话,告诉他们灵峰品梅苑内的一株梅树生病了,树干被虫蛀了个大窟窿。

杭州这个城市"爱梅情结"其实很深的。你看一株梅树不对劲了,会有人打电话给报社。而报社的记者会第一时间赶到灵峰来,胡中有些感慨有些得意。这株梅树到底怎么了?确实是"生病"了。树干上有个大窟窿,窟窿内布满小洞,还可看见残留的虫卵,让人看了心疼。胡中说,这株梅树有近百岁了,是2003年从临安的果园引进的。这批梅树由于长期生长在果园内,虫蛀的可能性较大,移植杭州后,管理人员每年都会为它们检查"身体",发现有虫蛀就立即治疗,如今已很少发现虫蚀现象了。这株百岁梅树树干上的窟窿是治愈后留下的痕迹。

当然,他们立即对此采取了措施。胡中说他是非常感谢市民的,因为灵峰五六千株梅树,他们十几个管理人员不可能实时注意到每一株树。而市民发现"状况"提醒他们,就能使病虫害得到及时制止,不会再蔓延开去,这等于是协助他们的管理工作。

沿着梅园内的冰梅纹小径,走不远,抬头一看,山坡上有一石砌长台,对

品梅苑红梅(陈金裕摄)

了,那就是"瑶台"。胡中说,瑶台是灵峰的重要一景。

瑶台是神话传说中神仙所居之地。明代高启曾有《梅花》诗:"琼枝只合在瑶台,谁向江南处处栽。雪满山中高士卧,月明林下美人来。"与灵峰遥遥相对的吴山,原先也有个"瑶台万玉",不过那是指桃花。

灵峰漱碧池(陈金裕摄)

在树木掩映中拾级而上,登上瑶台,百亩梅林尽收眼底。胡中说,现在瑶台周围树木长高了,挡住了部分视线。本来视野还要开阔。这附近几大片以果梅为主,大多开白花。而远一点那几片,是各式花梅。花开季节,红梅如雾,白梅似雪,游人如置身彩云之上,云蒸霞蔚,如痴如醉。梅展期间,这里总是游人最多。

从瑶台下来,你踏着朵朵梅花就到了漱碧池。不,不是真的梅花,那是梅花形石块铺成的梅园小径。漱碧池虽不大,但因为四周大多是青翠的水杉和柳树,倒影幽碧迷离,池水就显得分外深邃。配上古朴素净的漱碧亭,在偌大的梅园中,这里有画龙点睛的妙意。

这"漱碧"之名,可能来自于"漱玉泉"。山东趵突泉公园内,南侧有一溢水口,由自然石叠砌。泉水从池底冒出,形成串串水泡,在水面破裂,唑唑作响,然后漫石穿隙,跌入一自然形水池中,如同漱玉。相传这里是宋代著名女词人李清照的故居所在,自从她以此泉命名她的作品集即《漱玉词》后,"漱玉"就成了文人雅士常用的品题词。后来又由"漱玉"繁衍出"漱碧",苏州就有个"漱碧山庄"。

想来灵峰探梅景区的设计者不会等闲放过这一池清水吧。果然，水面上下满世界的清幽中，池边一株红梅拔地而起，婀娜多姿，打破画面的宁静，让人惊艳。

临水看梅花的幽姿，更是花影重重，水深不知处。那是孤山林和靖的奥秘啊！

三、灵峰胜迹知多少（下）

跨过大路，往西面蜿蜒小径一直过去，要走到很近，才看见一座小巧的栗壳色梅花形小亭，这是云香亭。亭盖是梅花，顶部是梅花，柱子墩是梅花，为什么不叫梅花亭呢？也许太直白，不如云香亭有意境。但我相信好多人一抬头就会脱口而出："梅花亭"！

胡中说，初建景区时，尚没有品梅苑，这里就起着品梅苑的作用，即汇集不同品种的梅花于同一区域。你看，这里有江梅，特点是树枝直而多刺，萼红瓣白；有垂枝梅，特点是枝条像柳树般垂向地面，姿态婀娜多姿；有龙游梅，这是民国年间才发现的梅花新品种。铁骨虬枝，百般扭曲似龙游；有绿萼梅，萼瓣绿如翡翠，花蕾状若凝玉；有朱砂梅，花儿艳若胭脂，颇具春闹枝头的意象；还有最早开花的宫粉梅，最晚开花的送春梅等等。

除梅以外，这里是除主景区以外的又一"岁寒三友"展区。"松"有马尾松、黑松、湿地松、罗汉松等等，它们像一个个兄长般护着领地，终年常绿。"竹"有凤尾竹、孝顺竹、大明竹、金镶玉竹等品种，或成簇或成片作为隔景，与千姿百态的梅花相呼应，给人一种高风亮节的意境。

胡中介绍，云香亭北面小土坡上，原有一棵清代老果梅，主干开裂，姿态苍劲，斜着身子靠在一旁的松树上，形似卧牛。它来自百里路外的萧山诸坞，是著名的青果梅品种"大叶青"。树龄已达百年。可惜后来枯死了。

出了云香亭，沿山坡谷地往主景区走去，小径好长，一路小溪叮咚作伴。胡中笑开了，说花季时小溪里会飘下梅花花瓣，很有"小资"情调。到十字路口，有座茅亭，抬头看亭额为"百亩罗浮山"。罗浮山系广东名山，以漫山遍野都是野梅树著称。据说当年苏东坡被贬惠州，是先游罗浮后赴任。所以后人以"百亩罗浮山"对"十里香雪海"，来形容梅园的气势。

铁骨冰肤冷香室

过罗浮山路亭，顺石阶数十步，就可看到一堵石墙上“灵峰探梅”四个大字。主景区到了。这里是原寺院遗址，踏着石阶进一小门，笑声马上收敛：好一个依山而建的精致的园林！

参天古树下，有池有桥，有粉墙灰瓦，长廊逶迤，泉石清幽。突然觉得自己的脚步也放轻了，除了静谧还是静谧，那么在长廊靠椅上坐下来，享受一下这冥想般的氛围。

这才看到，仿古建筑处处细节好精美。半月形的掬月泉深邃宁静，偶尔有只小虫子引它荡出细碎波纹。掬月亭可比周庆云时期的大多了，高敞，站在里面有种吸风饮露的畅快感觉。旁边是一“庾岭老友”老梅桩。“庾岭”即“五岭逶迤腾细浪”中五岭之一，因自古岭上多梅花，也称梅岭。这也是点景之作。

笼月楼有点高，出檐如翼。胡中叫我看二楼的窗户，熠熠阳光下，一扇扇花窗竟都雕刻着梅花形图案，梁柱间也雕着朵朵梅花，极为典雅。胡中解释

来鹤亭

说，原来这里的一切装饰和家具都与梅花有关，只是后来椅子什么的破旧了，才更新成现在这样。

我这才发现，笼月楼与眠云室根本就是同一个建筑。一楼是眠云室，二楼为笼月楼。可怜我曾经找眠云室找得好苦。如今一楼已设为茶馆，这里香喷喷的竹筒饭非常诱人。二楼则辟为观梅、咏梅、画梅之所。

院内还有间铁骨冰肤冷香室，哎哟，一看这名，还真想不到是说一种花儿。走进室内，见陈列着古碑经幢，石碑之一就是周庆云的《灵峰补梅记》。墙上挂了多幅领导人视察灵峰的照片。胡中指着有朱镕基的那张，说那戴眼镜的就是我。

转完一圈，以为要走了。胡中说还有个“来鹤亭”值得一看，特别是亭柱子上的对联极妙。

从掬月泉边上一条石阶上去，一大片竹林间，就是2001年重修的来鹤亭。古人在此建亭时，应当还能望见西湖山水，所以石柱上刻的对联曰：“借得灵峰十笏地，分来孤屿万株梅”。只是年深月久，周围树木竹林已经节节拔高，遮挡住了人们的视野。站在亭里远眺，再也看不到那个又名“梅花屿”的孤山，只能借助这个亭名来寄托林和靖“梅妻鹤子”的幽情。

退出院子前回头一望，呵——院子里是梅花，沿山是翠竹，山上是青松，这一组“松竹梅”比云香亭那组可气势大多了。结构分明层层铺展，真可谓大手笔！不但形美，更具意美，具有十足的东方园林风韵。

四、东方与西方，在何处汇合

满园转悠时，胡中被我的问题问傻了。“什么？梅树与桃树怎么区别？梅

树是梅树，桃树是桃树啊。怎么会搞浑？”然而当它们不开花的季节，我就是一直搞不清楚。“一下子要我说倒还真说不上，这个问题倒有点另类的。或者，你看，桃树的枝桠是不是比梅树要稀一点？”

从植物园正门进来，倒是要经过桃花园的。胡中解释，造园上有个讲究，如果是通往梅园，在路口就会不经意栽株梅树。隔一段再来两三株，再一段四五株，越来越密，就到了。起的是循序渐进的引导作用。东方人一般不喜欢开门见山，而讲究含蓄、内敛、渐次发展。

其实整个灵峰探梅景区走下来，你会发现大多是一大块一大块的梅花区。虽然现在尚无梅花，但以前多次来过，曾经一家三口淹没在梅花中找不到彼此。无花季节，能看到由隐约小路区分隔成的十多个小区，每个小区依山势而呈不同形状。

我问胡中，这大片大片的梅树，各有各的形状，在种植时有什么讲究吗？胡中说，梅园在赏花上的考虑主要有两个。一是花期搭配，交替开花，延长观赏期。比如“早花”2月上中旬就开了，一般是过年左右。品种有淡粉、寒红、早凝馨、粉皮宫粉、春信、宫春、江南朱砂、粉红朱砂等；“中花”要到2月下旬、3月上中旬开花；“晚花”更迟，不不不，晚花的品种也很多，大宫粉、别角晚水、素白台阁、金钱绿萼、送春、丰后、美人梅等等。

再一个是考虑颜色搭配，要布置得花色参差才不会马上产生审美疲劳。开白花的有江梅、三轮玉蝶、素白台阁等；淡粉色的有淡宫粉、大羽、凝馨、傅粉、银红等；紫红的有白须朱砂、台阁朱砂、红须朱砂、骨里红等。对了，前面我们看过骨里红的枝条，连枝条里面都那样红，它的花肯定是较浓的红色。还有一种是绿梅，绿萼白花，有小绿萼、二绿萼、变绿萼、台阁绿萼等等。

然后胡中说，灵峰探梅景区的布置，至今在全国都是经典之作。但刚弄好时，好多专家不以为然，甚至个别的调侃说：哟，是梅花加草坪的新组合嘛。

对了，这引起梅花专家“公愤”的就是——草坪。

胡中了解到，建造灵峰景区时，老一辈们在设计上当然注重东方神韵，注重千年梅文化的体现。但是，时代毕竟不同了。以前只有少数文人有闲赏梅，可以由寺僧接待他们，提供品茗、歇息、座谈之处。但如今赏梅群体扩大到了整个城市的市民，这么多人来了歇何处？于是，他们经再三思考，大胆地突破了传统造园观念,引进西方的草坪设计,在一个个梅区铺植了上万平方米的草坪,不但提供了赏梅人休憩之所,也使梅园的空间秩序更加美观合理。

事实证明,铺植草坪是极为有效的设计。正是草坪,体贴着游人,留住了游人。正是草坪,链接了当下梅花与市民。如今在灵峰,草地是人气聚集最旺的地方。或拖家带口或三五成群,或席地而坐或铺上篷布,或野餐或做游戏,或娓娓而谈或发呆,或打牌或小眠……

后来很多城市建园都借鉴了灵峰的这一经验。灵峰梅园也成为国内植物园专类园建设的一个成功范例。看来,梅园加草坪,是对我国传统建园艺术的有力补充。

五、何谓"双梅争妍"

1991年,灵峰探梅景区竟然一口气建起了20亩的蜡梅园,栽植蜡梅两千余丛。

为何杭州植物园要下这么大的功夫?蜡梅实在太漂亮了,它的花朵如金雕玉镂一般,它清甜的暗香随着寒风阵阵浮动。杭州人如果在冬天没闻到这种特有的香味,是不相信身处寒冬的。灵峰探梅如果没有"蜡梅",赏梅人的遗憾就太大了。

自从蜡梅园建起后,灵峰探梅就自豪地打出口号:"双梅争艳"。

记得去年冬天,我拜访陈皓老先生时,奇怪地问他:"那么多梅花品种,现在多了一种,为什么是双梅争艳?"陈老先生哈哈大笑,说原先那么多品种都是一种梅,这蜡梅是另一种梅。见我还是不解,老先生又乐了,连连摆手:梅花是乔木,蜡梅是灌木,根本不是同一种,这个很多人都会搞错的。

那次以后,我就一直以为我终于对了,没想到,胡中一眼就指出来了:不是这个"腊",是"蜡"。原来,我笔下出来的都是"腊梅"。

胡中说,"腊梅"与"蜡梅"之争,每隔几年就会掀起一场讨论。说他有一次去另一个城市参加梅展会,横幅上用的是"腊梅"字眼,结果有几个老专家顶真了,非让主办方改成"蜡梅",不然就拒绝参加会议。

我说,不是腊月开花吗?叫腊梅也不错啊。胡中说,在我们杭州或长江流域，确实是腊月前后开的花，但在北方呢，那要过年以后才开。更南面福建广东呢，不到腊月早开了。那你说都是同一种花，能叫腊梅吗？

是这样。那叫蜡梅有何道理？记得上大学时，同宿舍一位宁波同学手特别巧，一到节日，她的拿手好戏就是随处捡来一枯枝，点上一支蜡烛，用熔化了的热蜡油做梅花，黏在枯枝上，意象竟十分美妙。所以我一直将那种工艺品叫"蜡梅"。

胡中问我有无仔细看过蜡梅花，我当然仔细看过，2008年隆冬那场铺天盖地的大雪中，我趁午休时间去边上的柳浪闻莺公园拍照，循着香气发现一株好大的蜡梅树，通身是金黄的花。枝条上黄花一层，白雪一层，美得让我发呆。好一会才想起打开相机。取镜头时可把一朵朵蜡梅花都仔细瞧了个够。近摄，近了再近，往往是镜头碰到雪了我才惊觉。一个中午拍了不过瘾，第二天阳光出来，再去，那一层雪已变成冰了。第三天再去，真是感叹这些蜡梅，一朵朵还是健健壮壮的，根本没被冰雪冻坏。

"那你发现蜡梅花表面有什么？"好，被问倒了，无言。这边胡中解释："蜡梅花的花瓣外层是淡黄色的，略有光泽，的确像一层蜡。正因为有这个保护层，它比梅花更不怕冷。"屋子那边有人大声插话："防冷涂的蜡。"全场大笑。《智取威虎山》中，杨子荣打入匪巢，土匪头子坐山雕问："你脸怎么红了？"杨子荣机智地答道："精神焕发！"又问："怎么又黄了？"杨子荣转弯很快："防冷涂的蜡！"

李时珍在《本草·蜡梅》中说："此物本非梅类，因与梅同时，香又相近，色似蜜蜡，故得名蜡梅。"还有更早的，宋代谢翱写"蜡梅"："冷艳清香受雪知，雨中谁把蜡为衣?"就是说蜡梅以蜡为衣，来避雨雪侵凌。

因为有一层蜡，蜡梅花就比所有的花都更耐冻；也因为有一层蜡，花朵的立体感特别强，更独特更耐看。

如果你走进灵峰主景区，请你留意，在掬月亭西坡，有六丛蜡梅特别大。那是原灵峰寺庙的遗物，蜡梅老桩均在百岁以上。原枝干均已枯死，但根部未死，又长出新枝条来。胡中解释说这叫"分本"。分本意味着有自我更新的能力，蜡梅的这种能力明显强于梅树，所以百年以上的梅树难得，而百年以上的蜡梅会相对多一点。

"啊呀，到了冬天你一定要来看看这几丛老蜡梅。那真是满树金黄、浓香四溢。真的，那花吧，开的特别多，颜色浓，香气就别提了，整个院子都香。而且每年开花早，谢花迟，花期有四个多月。"是吗？如此订下一个隆冬之约。

到了外面的蜡梅园，胡中又开始"数家珍"。当初建蜡梅园时，从河南、安徽、江苏及浙江各地收集品种，当然也有我们植物园自己选育的，很不容易。这一片，是从河南鄢陵移植过来，当时我们特意赶过去选种。鄢陵不知道？那里盛产蜡梅，一度为皇家贡品。现在好的品种基本还在那里。你看，这是"素心蜡梅"，花色较淡晶莹剔透，香味特别雅。花开时倒挂如钟状。这个品种里有一种"杭州黄"就出自我们杭州。特点是花朵较大，香气较浓；这里是"磬口蜡梅"，花盛开时半张半合，如磬状。花色深黄，古色古香；这边的是"灯笼蜡梅"，花瓣微红，带紫色或淡紫色条纹，煞是好看。

俗话说，蜡梅是一年中最后一朵花，梅花是来年第一朵花。那么在灵峰，过年前后，它们并驾齐驱，同期开花很长时间，那真叫"双梅争妍"！

六、绿萼仙子魅力何在

先问胡中关于"墨梅"的问题："真的有墨梅这种品种吗？"

他沉吟一下说，这要看从哪个角度讲。一般的梅树，是没有开墨黑色花朵的，至少现在还没有。如果红梅的"红"颜色特别深，红得发紫，我们就叫它"墨梅"。灵峰也有这种墨梅。但在梅界，墨梅大名鼎鼎，那是指水墨画成梅花图。所谓墨分五色，以淡墨、浓墨、焦墨等不同笔触，可将梅花画得光明影暗、虚实相间，生机勃勃。历史上有很多画家擅长画墨梅，其中最著名的是元代王冕。

王冕被称为"画梅圣手"。他的墨梅苍润相济，生意盎然。其墨梅诗也很有名："吾家洗砚池头树，朵朵花开淡墨痕。不要人夸好颜色，只留清气满乾坤。"

解放前，杭州有家妇孺皆知的高义泰绸布庄，系浙江省该行业之龙头。高义泰的后人叫高野侯。这个高野侯自幼喜欢书画篆刻，尤其爱画梅花，在当时名声很响。他为自己刻了枚闲章叫"画到梅花不让人"，可见功夫之深。

杭州永丰巷十三号，是高野侯的中式花园别墅。这里出名并不因为建筑，而因高野侯收藏的梅花图。高野侯藏有前人所画梅花作品500余件，刻章曰“五百本画梅精舍”。民国14年(1925年)，他斥巨资购得元代王冕《梅花卷》，爱不释手，如痴如醉。遂将居所起名为“梅王阁”。

“文化大革命”时期，“梅王阁”受到冲击。平反后，高家便慷慨地将3000余件被查抄文物全部无偿地捐献给了杭州市文物管理委员会，这其中就有无比珍贵的王冕《梅花卷》。2006年，杭州市政府对“梅王阁”进行了整修，今后可能作为书画陈列馆对外开放。这可说是杭州墨梅的一个亮点吧。

“梅花如果从颜色来区分，红梅、白梅较为常见。要说特别，绿梅还是较为特别的。”胡中接着说。

绿梅又叫绿萼梅。小枝青绿，萼绿花白。当然现在品种多起来了，有变绿萼、台阁绿萼、二绿萼、复瓣绿萼、金钱绿萼等。每年梅展，绿萼梅前总是排满摄影者的“长枪短炮”，惊呼声一片，像发现了新大陆，很有趣的。其实，绿萼梅在唐朝就有了。哈哈，奇怪？不奇怪，梅的历史都有三千多年了。

古代先民采集野梅，主要为了加工食品和祭祀。在长期的驯化过程中，个别出现了变异。如复瓣、重瓣、台阁等，有心人便另行嫁接繁殖，渐渐育成专供观赏花朵的品种。“花梅”便从“果梅”中分离出来。梅花以“花”闻名天下，始于西汉。唐代《六帖》记道：“李白游慈恩寺，僧献绿英梅”。这是目前发现最早的绿萼梅记载。

你问怎么区分绿萼梅？这个太简单了。一般梅花的花蒂都为绛紫色，唯独绿萼梅花蒂是纯绿色，枝条为青绿色。还记得我们看过的“骨里红”吗？那枝条是紫红色的。绿萼梅花瓣为淡绿色，有的特别淡，淡到跟白色差不多，有的浓一点，整个花瓣都是绿的。绿萼梅尚未绽开的花蕾特别好看，像一个个嫩绿嫩绿的拳头。

灵峰探梅景区当然有绿萼梅。品种有小绿萼、变绿萼、金钱绿萼。其中变绿萼比较有趣。为什么叫“变”？对啊，有变过来的意思。它的萼片会慢慢变成花瓣，神秘吧！你看一般的梅花是5瓣，灵峰变绿萼的萼瓣多者达到六十多片。种在哪里？瑶台那边就有几株，冬天时你可以去看看。

绿萼梅在养护上倒无需特别操心。它们长势健壮，新枝较粗，叶芽也饱满，芽接的成活率远高于其他品种。梅花的常见病虫害在宫粉梅、朱砂梅上较易发生，在绿萼梅上反而较少发生。唯一要留心的就是防寒，绿萼梅花蕾抗冻性差，所以在寒潮来临时要注意防寒护蕾。

从灵峰回来，我就在网上翻看绿萼梅的照片。一看才知道，摄者对它特别偏爱。从发芽、含苞到开放每一阶段都有特写，而且不厌其烦地从多角度取景，近摄距离一个比一个近。有一位摄者感叹道："知道她好，但还是没想到她竟是如此的淡雅素洁！我想，谁见了都会怦然心动的！"

"不肯雷同自一家，青裾独立水之涯。"绿萼自古以来便被推为梅中极品，它的魅力到底何在？后来我又在夜深人静时听《绿萼梅》，这是一首以笛子、琵琶为主奏的曲子。琵琶多转音，暗蕴连绵不尽的氤氲花影，花簇团团，朦胧迷离。穿插期间的笛声悠扬空灵，时而高亮入云，时而低幽绕林……脑海里突然浮现出姜夔的那句"冷香飞上诗句"。

对了，魅力就在"冷"字吧。红梅是暖色调的，白梅因了红萼、绛紫萼也是暖色调，只有绿萼梅是冷色调的。试想，寒冬料峭，天地一片冷色调，忽而开出一树绿萼梅，真正将"玉洁冰清、临寒不惧、姿韵超逸"的意境推向了极致。

七、深藏不露的盆梅

对于很大一部分爱梅者来说，"盆梅"是他们的首选。

盆梅是以梅、山石、花盆为主要元素，经过园艺培养，现神韵于盆中，来借景抒情。它最能体现艺梅者的情操和艺术品位。

胡中说，灵峰探梅景区现在已有500多盆盆梅。只有少数的栽的你能看到，大部分你看不见，一年到头都放在山上基地，只有梅展期间才搬出来偶露头脸。

盆梅一般于2月上盆，应放在阳光充足处。6月初，新梢摘心，以让花芽更好地分化。12月下旬，施以尿素等催花肥，这时要发花了，不然年关一到，拿不出来可不行。一年到头辛辛苦苦就为的那几天啊。

开花后，还有一次体力活，要换土，剪去烂根和过长的根须，盆梅一烂根，全年的活全白干了，叶子马上由绿变黄，大量脱落。所以换土这个环节要及时。换了土，再施腐熟浓肥，然后就等着登场亮相。

近年来，盆梅的展览基本放在桃花园或玉泉。桃花园展区以“梅开五福”、“诗圣醉梅”等由园艺师精心栽培制作的景观小品为主，而玉泉展区则配合赏鱼，多是“梅花仙子”、“雪海香涛”等梅花小品。各有风格各有侧重。

你都去过？感觉不错吧？我们有很多“老梅桩盆景”，如宋梅桩、徽派梅桩及立式。卧式青梅，双色和多色梅树等等。什么区别啊？宋梅桩就是“掬月亭”高台上那个。原来是宁波天童山麓的野生古梅桩，挖来后人工复壮，高枝嫁接，培育出了现在这个古老苍劲、粗犷遒劲的造型；徽派梅桩好比建筑界的徽派建筑，是盆景艺术主要流派之一。特点是古拙、奇特、潇洒，注重主干和主要枝条的造型。至于“游龙”梅桩，那是从安徽歙县洪岭村引进的，那里唐代就开始栽植梅花。整个造型如同倒置的游龙，取俯冲而下之势。另外，基地里主要有洪岭二红、桃红台阁、粉妆玉蝶、徽州骨里红、绿萼梅等等。

制作盆梅是否和插花一样？嗯，我想道理是同一个吧。但盆梅有个生长过程，所以应该说发挥余地更大，花费的精力也更大。梅花品种不同，习性、神韵各异，每种山石、每种花盆也都是各有各的味，只有搭配合理才能取得整体效果，达到最佳意境。

盆梅(尹晓宁摄)

最常见的造型是借意名人诗句。如朱砂梅往往取“已是悬崖百丈冰，犹有花枝俏”的意境，冷艳锵锵，极有张力；绿萼梅取“一树轻明侵晚岸，树枝清瘦映东篱”，则寒幽清绝，不胜淡雅之情；白色江梅取“江梅欲雪树”，则雪片飘零梅片斜，令人顿生梅花纷纷如雪片之意。

造景时背景很重要。如是红梅，宜配粉墙，更显清丽可喜。也宜配置木花窗，极具韵味；如是绿萼梅，就需要深色背景，才会显出“幽姿玉骨”的味道来。蜡梅是制作盆景的理想材料，但蜡梅是黄色，背景深浅明暗都很有意境。

胡中说，以我的感觉，制作盆梅，那是需要深厚文化底蕴的。宋代诗人范成大在《梅谱》中说：“梅以韵胜，以格高，故以横斜疏瘦与老枝怪石者为贵。”古人赏梅品位已经非常高了，讲究一个“韵”。你说这个“韵”要落实到具体一盆梅上，那是很难的。你光知道“贵稀不贵密，贵老不贵嫩，贵瘦不贵肥，贵含不贵开”还远远不够。

同样道理，多欣赏优秀的盆梅，对赏梅水平的提高有很大帮助。所以每年梅展，我们在盆梅展区花的力气也是较大的。我们会做一些说明牌，贴一些诗词，挂几幅书画，以各种方式触发对梅花美感的传导。

八、灵峰真的一年四季都能赏梅吗

如果我在“五一”长假邀你去灵峰赏梅，你会笑我神经病吗？

胡中介绍灵峰梅花时，说到一种夏天开的蜡梅，全世界只有一个地方临安昌化有，那是非常的珍稀宝贵。

我太惊奇了：“我老家就是昌化的，我怎么不知道？是真的假的？”

当然是真的，那就是“夏蜡梅”。

夏蜡梅为中国特有孑遗种，是第三纪残遗植物。1963年，有关人员在浙江临安昌化顺溪考察时发现了它，惊喜万分。后由植物专家郑万钧和章绍尧确定为植物新种，并为其命名为“夏蜡梅”。一时引起全国性的轰动。

夏蜡梅与其家族隆冬腊月开花的大多数成员不同，它5月开花，一朵洁白硕大的花单独开放于嫩枝的顶端，直径约五厘米，花瓣圆圆的很有质感，外轮呈白色，内轮是肉嘟嘟的半透明状。总共十瓣左右，均向内卷曲，花丝极短。猛一看，这么大朵的花根本想不到是蜡梅。

花朵高调亮相后，才慢慢长出叶子。夏蜡梅的花期很长，花朵一直持续开到6月上旬才逐渐凋谢。到了9月下旬至10月上旬，果实成熟。长出像小编

钟一样的果托，里面盛有一个瘦瘦的椭圆形褐色果实，或扁平或有棱，挂满枝头，随着秋风而摇曳。

胡中说，灵峰从昌化迁地移植夏蜡梅获得成功，现有这种罕见“夏蜡梅”二百株。但因为大部分市民还不知道这个宝贝，来看的人并不多。其实，由于夏蜡梅分布区极为狭窄，加上森林砍伐严重，生态环境恶化，已被列为我国第一批二级珍稀濒危保护植物。它的美名在国内不响，国外却声名远播。法国、英国、加拿大、美国、日本等许多植物园和花卉爱好者，都把引种的中国夏蜡梅当成珍宝。

在与胡中前往灵峰探梅主景区的路上，我正为一路的清幽和溪水叮咚所陶醉，胡中叫了起来：“看，这些就是夏蜡梅。”只见“百亩罗浮山”路亭前的溪边，高大的香樟、苦槠树下，二百株高约两米的夏蜡梅正处于结果期。叶子又阔又大，有点像桑叶，但比桑叶厚，颜色更深，而且仔细看上面似乎也有层反光蜡质。

为什么是沿溪水而种？胡中解释：夏蜡梅属于较为耐阴的树种，需要气候凉爽而湿润。在强烈的阳光下会生长不良，甚至枯萎，这点与梅树喜阳真是天差地别。

看过了夏蜡梅，就要说秋蜡梅了。

我这次去杭州植物园是10月，正是满城桂花飘香之时。我原来以为密集的桂花树只有满觉陇才有，待走进植物园，才知这里也有大片大片的桂花，赏花人亦是成群结队。更为有趣的是，植物园里好像到处有桂花香，一阵一阵牵引着你。我在时淡时浓的香氛中走着走着，竟然迷路了。最后只好打电话向胡中求助。

从灵峰主景区出来，刚走入梅园，胡中就叫我看花。我以为是桂花，结果又错了，原来还是蜡梅——亮叶蜡梅。

真是想不到，不但夏天有蜡梅花，秋天也有。

你还别说，这几株亮叶蜡梅真有点像桂花树。树高约二米多，枝丫细细的，叶片小小的，枝叶繁茂。花儿都被满树绿叶所掩映。移开枝叶，看到花儿了。那花比桂花大多了，只是颜色很淡，几近白色，形状跟冬蜡梅中的素心蜡梅花差不多。凑近了闻，没闻到香味。这与我们所熟悉的蜡梅多么不同啊。冬蜡梅开花时是没有绿叶保护的，枯干瘦弱的枝条上缀满蜡雕般的小小的黄花，清香四溢。

胡中介绍，“亮叶蜡梅”四季常绿。你仔细看它的叶子，上面也有一层蜡质光泽，叫“亮叶蜡梅”确实是有道理的。它的开花期很长，10月开花，一直要开到次年1月。“亮叶蜡梅”与“浙江蜡梅”非常接近。“浙江蜡梅”是在我省的一些山区发现的。也是秋天开花，还是很好的中草药，遂昌民间就用它制成石凉茶，可以治感冒、解暑、消食、去油脂等等。

目前灵峰有几百株这样的亮叶蜡梅。只是跟夏蜡梅一样，人们对它们还不了解，前来观赏之人不多。确实，我早上从植物园过来时，桂花区的人熙熙攘攘，而这里走上一大圈也没碰上几个人，这几个人还都没注意到这些蜡梅花。

不过，我终于明白了，这里春天能赏梅花，夏天能赏夏蜡梅，秋天能赏亮叶蜡梅，冬天能赏传统意义上的蜡梅。以后我可以很有底气的告诉朋友：灵峰一年四季都能赏到梅花！

九、一年一度，且为梅花醉一场

杭州这个城市确实有很多特别之处，其中之一就是：杭人热衷于赏花。“四面青山皆入画，一年无日不看花。”可见杭州花事之盛。

春风刚吹起来，白堤苏堤已挤满了看桃花的人。夏天尚未到来，西湖边便到处是寻找“荷花宝宝”的人。三秋桂子，更是从早桂花到迟桂花一茬不落。冬天来到，有什么比去灵峰探梅更重要的事呢？

胡中说，梅花在杭州，可谓天时、地利、人和样样占尽，所以梅花花事非同一般。为什么这样说？前面你说的杭人有热衷赏花的传统，是“人和”。其实就赏梅来说还有天时地利的因素。你看，梅花在北方是春节以后才开的，青岛花期在3—4月，北京4—5月。一般来说元宵节一过，各行各业都开始正经做事了，不太有闲人也不太有闲心来正儿八经赏赏梅花。而在杭州以南，广州昆明这些城市，12月就开花了，四季如春，没有一花独放的感觉。而且冬天极为难得下雪，这少了雪赏梅就少了味道。只有在杭州，或南京、武汉、成都这些长江流域的城市，梅花开花恰逢春节前后，而且往往是伴着漫天飞雪一起来临，那你说春节本身就是全家团圆出游时节，不热闹才怪了。

只要一说到品赏，胡中就忍不住说《梅品》。他说，这真是部奇书，是梅花奇书。而且那么早，南宋时就写出来，作者名字很难念——张镃，他字功甫，所以大家叫他张功甫。

胡中感叹：以我二十年与梅花打交道的经历，我觉得这本书无法超越。你看，梅文化的精髓都在其中。大太阳下看梅花跟“月黄昏”时看感觉肯定不同，什么不同？大太阳下，往往看到花形，其他的容易忽略。月黄昏时，朦朦胧胧的，不易受外界事物干扰，注意力集中。你会注意到梅花的姿态、香味，是清香，浓香，幽香，还是冷香？极为敏感。《梅品》中五十八条赏梅标准，分明是五十八个品赏台阶啊。《梅品》对后来的赏梅影响极大。日本有专门按照张功甫《梅品》标准建造的梅园——丸子梅园。一花一木、一角一落都极完整地保存并流传张功甫的梅花美学。1994年，中国梅花蜡梅协会赴日时，曾专门去丸子梅园作了考察。

胡中说，如今赏梅，像张功甫说的那种不懂乱附会、隔靴搔痒、词不达意的人并不少，要跺脚还真跺不完。古人爱梅，是爱她的高洁，仰慕她的气节，精神上的享受多一点。今人爱梅，似乎更注重表象，喜欢开满花，颜色越多越好，浮光掠影，重视视觉上的享受。但毕竟，视觉享受是较低层次的，要真正领略梅花的魅力，必须有精神层面的东西。作为杭州这样一个追求生活品质的城市，更要提倡《梅品》那样的赏梅内涵。

灵峰探梅景区是1988年对外开放的，三年后即1991年，举办了“杭州西湖首届梅花节”。此后，每年都举办。来的人一年比一年多。作为举办单位，胡中他们每年都要动脑筋翻新花样，力求内容不断丰富，形式不断完善，境界不断提升。隆冬时节，过年的年味还没开始弥漫，胡中他们就忙开了：准备迎春梅花展、梅花盆景展、梅花书画诗词展、梅花科普展览、咏梅诗画比赛、梅花摄影比赛、梅花插花比赛……

前些年，一到冬天，胡中他们的电话铃就响个不停，都是来问灵峰梅花有没有开。胡中说，梅花什么时候开花及花期多长，很难准确预测，因为与天气相关度太高。梅花能在较低温度下开放，开花期也能忍耐一定程度的冰雪与低温。一旦天气转晴，便可继续开放。也就是说，常规温度下开一周花的，遇到低温可延续到十多天，而遭遇高温也可能一两天就开完了。

专业上，初花期指开花约占总数的5%；盛花期指开花约占总数的50%；而末花期则是花谢80%以上。这些电话里解释起来不容易说清楚，后来为更好地服务市民，植物园干脆跟杭州市气象台合作，推出“梅花开花指数”预报。从梅花初开开始，每天在气象预报后，介绍梅花开花情况及开花品种，并将赏梅分成寻梅、探梅、赏梅三个阶段，受到市民的极大欢迎。

2005年是个暖冬，到了12月中旬蜡梅才刚刚探头，比前一年足足晚了半个月。但赏梅人却如期而至，刚开的几朵蜡梅就和他们捉起了迷藏，只闻其香，不见其影。人们在灵峰转啊转，“闻香识美人”颇不易，却也颇有趣味。

过了年，2006年2月，一场十多年未见的大雪突然降临，整个杭城的人都仰起脸笑开了。踏雪寻梅更待何时？那次的大雪，正遇上灵峰梅花盛花期啊。胡中说，那天植物园共售出门票约一万张，还不包括有些人是用公园IC卡。漱碧池边上的那株红梅，因池水结冰，变成了冰上红梅，自身裹了一身厚雪，真的很有味道。蜡梅的黄花，在白雪映衬下原来这么艳，星星点点，分外妖娆。雪中的绿萼梅，不能长久注视，不然你好容易跑热的身体又会清寂起来，感到冷。我一会儿在“品梅园”里的流连忘返，一会儿又在徽派梅桩前移不开脚步……总之，那次的灵峰赏梅虽然人多，但梅花也多，雪也多，是我记忆里最美的一次赏梅。

2007年冬天比较特殊。用胡中的话来说，植物园建园二十多年来，难得碰到梅花绽放最佳时间与春节重合。2月18日过年，提前一周灵峰梅花恰好开到了两三分的意境，“灵峰探梅” 花展正式开展。因为天气暖和，梅花比2006年提早了十天左右开放，白色江梅抢先绽放，已经处于盛花期，花期也比较长。红色的朱砂开了5%还不到，绿萼还没有到开的时候。而盆景已比山上的梅花要提早七到十天开了。从梅展开展到春节期间，开花率恰好达到20%至30%左右，一颗颗花骨朵在枝桠上含苞待放，赏这时的梅花，附赠希望。所以是赏梅的最佳时机。

2008年冬天，灵峰梅花又与我们躲猫猫了。开始是暖冬，大家都说这个冬天不像冬天。灵峰的一些梅花等不及就绽开了花骨朵，开花期竟然提早了半个月。然而春节前，老天忽然翻脸，连降暴雪，都成雪灾了。灵峰梅花似乎也惊呆了,不开了。电视上每天天气预报后,灵峰梅花开花率就停滞在5%以下。一直到春节以后,气温转暖,它们才苏醒过来,渐次开放。3月初,杭城气温陡然升至26℃,大批的梅花一下子就绽放斗艳了。双休日去灵峰赏梅的市民竟超过四万人次。这次花期一直延续到3月底。

我问,你们每年怎样发现第一朵梅花的?有人像寻第一朵"荷花宝宝"那样寻第一朵梅花吗?胡中说,每年的第一朵梅花都是市民发现的,通报者说哪里哪里有一朵梅花已经开了。你还别说,杭州人真的爱梅花。有时我们的工作人员身上没挂牌,去剪梅花花枝做研究,就会被很多人阻止,一直跟到办公室弄明白他的身份及剪枝用途,才肯罢休。从梅花这个角度看,这些年市民素质真是大大提高了。十几年前,办完一次梅花展,那地上的瓜子壳真有这么厚——胡中以手指比画着寸把高的样子,这些年不见了。以前是借着赏花轧闹猛的多,现在真正赏花的多起来了。

胡中又补充说,其实我们和赏梅人是互动的。我们力求带动杭州人赏梅水平逐渐提高,而赏梅人素质的提高,又反过来催促我们的水平提高。希望在这种互动中,让灵峰探梅朝着更高层次的目标发展。那么,后人评价起来,会说灵峰探梅在我们这一代人手上,更加丰富了西湖文化中已被遗失的宝贵内涵。

(本节执笔人:许丽虹)

第二节　西溪湿地访梅花

前些年，经常被外地朋友问道："西溪在哪里？"嗯？见我一脸茫然，赶紧解释："龚自珍的《病梅馆记》中不是说，西溪是赏梅胜地吗？"

对，你当然没记错。只是，每个杭州人被问到这个问题，都会羞愧地低下头，许久许久抬不起来。

那个西溪，在南宋时能找到："南宋辇道东起秦亭、方井、法华至西溪镇一十八里，皆在梅海竹林之中"；在明代能找到，"自永兴至岳庙又十里，梅花绵亘村落，弥望如雪"；在清代即龚自珍的年代，那更是与苏州邓尉、江宁龙蟠并列为江南三大赏梅胜地。

西溪，本是指"老和山—北高峰—石人岭"山脊线以北的一大片地域，包括古荡、留下、蒋村、五常等等。

但近七十年来，西溪经历过三段劫难，面目全非，几乎从世人眼中消失了。第一段是战乱，杭州沦陷于日本人之手，西溪失去游人，景色荒芜；第二段是"文化大革命"前后的围荡垦田，拆庵建厂，西溪不仅失去了梅花、芦花，文化古迹毁灭殆尽，连水脉都接近断绝；第三段是十多年前的房地产热，地价直飙，商品住房以极快的速度直插西溪心脏地带。

那个梅花弥望如雪的西溪，就要消亡了。大多数杭州人，已经不知道还有西溪这么一个地方……

而西溪，是杭州这个城市的"肾"啊。正是它以密布的水网体系很好地滋养了杭州。新世纪来临之际，杭州市委、市政府意识到保存这小块湿地对于将来的巨大意义，终于在房地产开发大潮中虎口夺食，决定将它保护下来。

2003年9月,西溪湿地综合保护工程开始实施。2005年2月,西溪湿地公园作为全国首个也是唯一的集城市湿地、农耕湿地、文化湿地于一体的国家湿地公园对外开放。西溪恢复了小部分旧日景观。虽然新景观远未到达原来的意境,但毕竟有个开始了。

当你迫不及待地问西溪湿地工作人员:“西溪梅花恢复了吗?”得到的回答是肯定的。没有梅花,那还叫西溪吗?据西溪工程部的濮隽介绍,西溪现有梅花1.5万株。品种包括朱砂、宫粉、玉蝶、绿萼、骨里红、美人梅、垂枝梅等等。

已经按捺不住了,要进去看看梅花。这久违的西溪梅花,我好想与她们低声交谈……

一、西溪梅花惊艳之处在哪里

若要知道一个人对西溪的了解程度,或者说,若要知道一个人会不会游西溪,有一个办法,即看其“游”的方式。

一般人选择走路,走啊走,整个西溪粗粗走下来也要一天,好像还没看出特别的名堂来。西溪的很多景点都有小码头,上面标着游船的价格。但因为游客防范被“宰”的心理普遍较强,这游船,往往莫名其妙被拒绝。

可游西溪,内行人都知道要选择水路的。

西溪纵横阡陌,水网像毛细血管般密布。溪窄水浅,稍大一点的船很难通行。早春二月,最好有一叶扁舟飘然而来,载着你融入西溪深处。

一路上,桨声欸乃。远望西溪素雅朦胧,淡淡的山色树影,就像温婉柔美的江南剪影。忽然,色彩来了,剪影动了起来,因为,梅花绽放了。

小溪两边,迎面而来的是清瘦濯濯的梅花。红的、粉的、白的、绿的……时而见梅枝探出河道,斜斜地自水面向上生长,颇有迎客之势;时而见梅枝如柳丝般垂向水面,飘飘然,仿佛触手可及;时而见河道拐弯处一株老梅以京剧亮相般的气度登场,让你精气神为之一振;时而又是落英缤纷,花瓣像白雪般撒过来,抬头空中一重,低头水里又是一重……

等你终于回过神来,才恍然大悟:这西溪梅花,魅力竟来自水上。

临水看梅花的幽姿,因为后面没有背景干扰,水面上的花会变得非常空灵，梅花的清雅、高洁、冷峭等特性表现得淋漓尽致。梅花衬在水光当中，淡淡的几枝，又马上让你想到林和靖“疏影横斜水清浅”的句子。而且，西溪远离城市，地僻幽隐，空气特别清新，能见度极高。在如此清晰的空中水中看到的梅花，自然比平时的又胜一筹。

西溪梅花以她的姿态说话，古人听懂了，将其写入诗词曲赋。今人因是初识，还在侧耳倾听……

是啊，我们一般所知的赏梅胜地，大多在山上。如苏州邓尉山、武汉东湖磨山、南京梅花山、广东罗浮山。即使我们身边，灵峰梅花、孤山梅花也都是在山上的。只有西溪的梅花，独具特色，其特有的赏梅方式是——水上探梅，摇舟探梅。

西溪湿地管委会办公室的刘想，曾总结了“西溪梅花”与“城里梅花”的三个不一样：

一是花期不一样。由于湿地有大面积的水域和茂密的近岸植被，水面蒸发和植物蒸腾的作用很强烈，水平方向的热量和水分的交换，就形成了西溪湿地独特的小气候。在这种小气候的作用下，西溪梅花与城里梅花便呈现出一种“错时开放”的格局，为杭州市民提供了更长的观赏时间。这种“错时开放”，明代僧人释大绮

的《西溪梅墅》这首诗里表现得淋漓尽致。他说："孤山狼藉后，此地香未已，花开十万家，一半傍流水"。

二是欣赏意境不同。在西溪，乘船赏梅是非常有情趣的一种赏梅方式。想象乘坐一叶扁舟，缓缓向梅林划去，不时有几朵梅花飘落头顶，在脸颊上留下一缕清香。林中深处又传来"梅花三弄"的曲子。在清风和梅香的氤氲里，很能体会到"十里梅花放，门前水亦香"的意境。

三是生长情况和梅花种类不同。一、二期西溪综合保护工程，我们在园区的游步道、航道以及景点四周，大约种植了上万株梅树，这些梅树大多是嫁接而成，一株梅花的颜色就有五六种。梅树成活后，我们顺其自然，随其率性生长，这就避免了清代龚自珍在《病梅馆记》里所说的"斫其直、删其密、锄其正"等"病梅"的现象，这也和西溪湿地原始野趣的自然景观相一致。这样，游客到西溪来，就随处可见西溪率性而自然的梅树风姿。

古时，《西溪杂咏》里有"早春花时，舟从梅树下入，弥漫如雪"的句子。现今，游客可以乘坐游船，或从深潭港南头下岸，走沿山河一线。或经疏影湾、鸭子湾，再过望梅湾到上船码头，走梅溪一线。当然，想尽情体验水中观梅的美感，最好是自驾一叶扁舟，桨声欸乃中，闻暗香扑鼻，看落英缤纷。

西溪水域曲折，河道迂回，你在一叶扁舟中与梅花呢喃，听任流连，却不知这河流港汊也一如梅枝，将你怀抱在梅花世界里。

二、西溪梅墅可有梦里风光

有人觉得，西溪的梅花，仅在水中探寻还不过瘾。为什么？你没见扬州八怪之一的金农，他笔下的西溪野梅冲击力多强，不近距离看看西溪野梅，能离开吗？

是啊，金农是杭州人，他经常去西溪吧，才对西溪野梅那么熟悉，情有独钟。他晚年所绘的花卉册页中，有一幅西溪墨梅正体现了金农式的精神狂想。只见大片焦墨涂出老杆，穿插交融，点擦勾勒，在堆叠中有一种负重感，将野梅精神的深沉与复杂浓浓呈现。但突然又会斜斜挑出两三枝，疏朗有序，简洁有力，那是一种大压抑下的大突破。而空隙中，那圈点出的梅花，一如初开，清新灵动，有一种幼童的单纯。

看金农的《西溪野梅》，情绪波动很大。老与幼、密与疏、浓与淡，一次次堆起又一次次散去，一次次狂奔又一次次跌落。难怪很多人过目不忘。画幅上金农以他怪怪的字题到："吾杭西溪之西，野梅如棘，溪中人往往编而为篱，若屏障然，余点笔写之，前贤辛贡、王冕之流，未曾画出此段景光也，农记。"

如今，你如果想与"野梅如棘，溪中人往往编而为篱"的梅花对话，可以推荐你去西溪梅墅。那里本来就是西溪梅农居住的小村落——是的，我没说错。西溪梅墅并不是哪个名人的别墅，这一带原有许多梅农，多为傍溪筑屋，种梅为业。

西溪湿地公园内的西溪梅墅，位于东南片，毗邻西溪精华区域秋雪庵。站在这里南望，可见远处的老和山、北高峰、美人峰、将军山等群山逶迤而去，其他三面则是数百亩平畴望不到边际，旷达而开远。

金农的《西溪野梅》

当然，其实你来不及看远处景观。一到这里，你的注意力已完全被梅林吸引了。西溪梅墅是一组田园农舍风格的建筑，主要有：西溪梅墅、香雪屋、览春亭等。但，哪一处的主角都是梅花。

主体建筑为木板面，土坯墙，屋顶作悬山顶，高低错落有致，体形参差变化，简朴自然，充满乡居气息。屋前屋后均是黑枝遒劲的老梅。这里的老梅各有各的特点，有的枝丫少，干练泼辣，直刺刺往上生长。有的枝丫繁密，交叉着缠绕着，一起长出齐簇簇的细枝。

沿着房边菜地前行，就可见两组田园农舍：杏梅园和红梅坞。杏梅园紧依西溪梅墅，位于梅墅土坡最高点，便于傍梅望远。我去的那天，冬日阳光暖暖的，但梅花尚未开放。我在铺满枯茅草的土坡上独坐着，懒懒的，四周望不到边的都是梅树。

在梅树的怀抱里歇息，它们安然、静谧，我突然想到一句诗："与君初相识，犹如故人归。"此情此景，竟觉得自己在城里上班的忙碌日子是幻觉。

忽然，远处池塘里一只白鹭打破画面的宁静。绿水盈盈间，芦花飘荡，一只白鹭好显眼，特别美。它时而在水边觅食，时而在空中盘旋。飞飞停停，不时朝我这边张望。它在凝神想什么呢？而我，想的是等这里满世界的梅花盛放时，我要带上相机来，将白鹭在梅花中的美影摄下，一幅接着一幅。

红梅坞位于河道边，环围着香雪屋。我徘徊在整齐划一的低矮梅树前，看梅枝如棘，才知道这就是金农说的"野梅如棘，溪中人往往编而为篱"。坞东南有放眼亭一座，亭外是个水塘，塘边有一渡口小屋，是接待手划船游客的上岸码头。我站在小码头上回望，想象游客自此登岸拾级而上时，要惊讶得叫出来吧？因为遍地梅花奔来眼前，根本应接不暇。

在一大片一大片的梅林中行走，会产生幻觉似的。像是镜头在摇，不停地在摇。但当你定睛细看，其实每一片梅林都是不一样的。或品种不同，或老小不同。开花的时候，肯定会看到梅花的颜色也不同。

池塘的南面就是览春亭，小亭三面环梅，太奢侈了！所谓"瑶台万玉"也不过如此吧？在此饮茶小憩，个个都像王母娘娘啊。想来如此梅林中，聚集的"暗香"实在不"暗"了，所以下面那座小巧的桥，就成了浮香桥。

据说，古时这里"山凹林莆，粉香扑鼻，十余里遥天映白，如飞雪漫空，六

西溪梅墅梅花开(陈江华摄)

花乱舞。"虽是梅农小舍,很多文人墨客都曾到此一宿。现在恢复的西溪梅墅,虽然有多处建筑,但因地方极广,偏僻幽冷,梅林漫无边际,还是呈现出野朴、闲逸、风雅的意趣,充满了闲云野鹤的情调,令你徘徊流连,不忍离去。

三、梅竹山庄有怎样的梅花情结

西溪梅墅的梅林,以野貌为主。它的前身就是西溪梅农的果梅?但西溪也有文人的梅花。

西溪就这点好,要雅的有雅的,要俗的有俗的。而且,它的雅,因有俗文化作底子,便不会弄到不食人间烟火。它的俗,因有雅文化来提升,便不会弄到俗不可耐。

这雅文化的梅花,最有代表性的就在文人别墅里。

你马上会想到西溪草堂,想到两株绿萼梅吧?确实,在明代,冯梦祯在永兴寺边上建了西溪草堂,并出资重建永兴寺,亲手在禅堂前移种下两株绿萼梅。

奇怪的是，这两株绿萼梅长得格外的好。树干特别高大，花也特别香。梅花开时，花质如玉，花色微微含绿，远远看去就像是一群绿色的星星在闪烁明灭。前来赏梅之人络绎不绝，名声越传越响。有乘船来的、坐轿来的，有带着酒肴果品来的，有带着被服卧具来的，到后来道路为之淤塞，永兴寺倒成了旅游胜地。

一直到清代，她们还是幽然勃发。这两株绿萼仙子曾是整个西溪梅花的荣耀啊。可惜岁月沧桑，两株鼎鼎大名的绿萼梅，我们已经无缘看到。绿萼梅消失于何时，也已无法知道。我们知道的是，当永兴寺建法华堂时，冯梦祯毅然将西溪草堂捐给了永兴寺。冯梦祯去世后，安葬于永兴寺侧。而永兴寺，已于1958年倾毁，现遗址上为西湖高级中学校园，校内仍存碑刻一座。

如今，当你浏览手中的西溪湿地公园地图时，赫然发现竟有西溪草堂，那么，它恢复了？重建了？边上也重植了两株绿萼梅吗？

现在的西溪草堂，并非建在原址上，而是易地恢复。它与原址相隔天目山路，彼此间好远好远。向现在的西溪草堂走去，发现边上并没有永兴寺，当然也不可能有两株绿萼梅。你一步跨入门槛，右侧门边竟真有一株梅树——虽小小细细的，但秀气逼人。这，也算是安慰吧。但愿它长到老枝横斜，再享它前辈的荣耀。

你低着头出来，是为见不到西溪的文人梅花而懊恼吗？大可不必。去梅竹山庄看看吧！

重建的梅竹山庄，几近它的原址。大多数人一看见那个小小柴门，都会“呀”出声来，是惊诧它的古意盎然。

二百多年前，杭州人章次白由于仕途不畅，回到家乡，在西溪建造了这座别墅。顾名思义，该山庄四周均为古梅修竹，可谓“梅香细绕舍，竹翠低映亭”。

文人墨客都爱“梅”和“竹”，章次白的别墅就是以雅纯的意境，吸引一批又一批人前来，成为当时杭州文人墨客的雅集场所。山庄一建成，西泠八家中的金石书画名家奚冈，为章次白作《梅竹山庄图解》。没想到，一发不可收，从奚冈开始，戴熙、高树程、沈宝熙等名家，绘画的绘画，题诗的题诗，章次白手中的墨宝越来越多，越积越厚。梅竹山庄三岁时，章次白将其中部分绘画、诗文木刻刊印成《西溪梅竹山庄图咏》及《梅竹山房诗钞》。可以想象,那就是西溪梅文化的凝聚啊。

正因为有这些图解、图咏,恢复重建的梅竹山庄较好地保留了原貌。

走进小柴门,即看到梅竹吾庐、萱晖堂、虚阁三个主体建筑。环绕屋边的梅树株株老劲黝黑,气势不凡。据说当初引进时,这样的老梅价格都是上万的。有几株梅树,一半开白花,一半开红花,煞是好看。

梅竹吾庐是进门的中间屋,墙壁上挂着几幅淡墨《梅竹山庄图》,想来以前这里四壁均挂满名人字画吧。杭州城里的书画名家一直在这儿面墙上"打擂台"。左边是虚阁,三面皆空,但都有绝好的天然活图画。瞧,北边就是一株挺拔秀逸的红梅,虚阁的廊框正好是这株红梅的大画框。右边是客厅萱晖堂,大太阳照进来,堂内暖融融的。木格子花窗外面,也是老梅树。我想当年章先生肯定不止一个夜晚,遥望窗外,心里默念道:寻常一样窗前月,才有梅花便不同。

山庄内还有梅竹堂、四序斋、浮亭等边缘建筑。其中浮亭是一水边茅草亭子,里面仅置一棋桌棋凳,非常有意思。

环顾整个山庄,梅与竹是主景,正印证了古人"竹下映梅,深静幽彻,到此令人名利俱冷"的意境。难怪当初能吸引那么多名人为她留下墨宝。低头又想,在梅花的素雅里,如今又有多少人愿意来真正体会这种意境?还有人愿意放弃灯红酒绿的城市生活,回归这样的闲逸吗?

退出山庄才注意到,来路上竟一路都是梅树。特别是长长的木桥上,许多梅树倒映水中,那冰清玉洁的风姿神韵显得楚楚动人。原来,通往梅竹山庄的路,被称为七里梅林。

2006年一个寒冷的冬日,我曾和北方来的朋友去西溪。那天的风大得吓人,我贪看梅竹山庄前的梅树不肯回去。那些梅树密密的低低的整列排着,上面的梅骨朵儿似珍珠似繁星。因为风大,要凑得很近才能闻到暗香。两人一边抹着风吹出的眼泪,一边嘲笑对方不该在梅树前搔首弄姿。结果泪眼朦胧,那些照片全拍糊了。

四、“西溪探梅节”到底能探到什么

西溪湿地公园是2005年开园的。2006年初春，就启动了“首届西溪探梅节”，此后，连年举办。“西溪探梅”名声在全国范围内重新兴起。

对于首届“西溪探梅节”，各大媒体推出的标题颇有意思。比如：

“西溪也探梅”——突出一个“也”字。杭城的探梅，原先集中在孤山、灵峰，提起探梅，不言而喻就是到这几个地方去。但现在，我们又有西溪了，西溪的别样梅景，我们怎能错过？

“你的名字中有‘梅’字吗？来西溪探梅不收你门票”——西溪毕竟是刚刚恢复的景点，不如孤山、灵峰那样每年都有老朋友如期而至。要吸引市民前来，西溪湿地管委会确实是动足了脑筋。

“色香味探梅记”——西溪湿地管委会为举办首届西溪探梅节，几个月前就开始准备了。探梅节共推出十大活动，包括水上探梅、梅墅古木展览、西溪美食节、水上流动越剧表演、民俗渔事表演等。

首届“西溪探梅节”无疑是成功的。前去一看究竟的市民有3万多人。其实有更多的人虽然没赶过去，但通过电视、报纸、网络等媒体知道了“西溪也探梅”这回事，知道了西溪梅花真的又回来了。

2007年的第二届“西溪探梅节”，正好于大年初一开幕。为增加湿地公园入口广场的梅文化气氛，西溪湿地公园首度与长兴万梅园艺场合作，由长兴万梅园艺场对入口广场进行布置。长兴万梅园艺场采用大型梅桩与中小型梅花盆景相结合，运用浙派和徽派风格的大小梅桩，将公园入口广场装扮得十分有梅韵。

因为有上一年的预热，举办方和游客都有了心理准备。水上流动越剧清凌凌地流淌在西溪河道里，老远丝竹声传来，游客就引颈期盼，想快快看到那船上俊秀飘逸的才子佳人，快快听到那柔婉细腻、辗转缠绵的越剧唱腔。当船儿错身而过，满船游客都陶醉在袅袅余音之中……

接下来，2008年的第三届“西溪探梅节”就有些不同了。这个冬天，一场场大雪纷纷扬扬，连续的降雪天气将西溪的梅期悄悄地推后了。大雪中，不断有人前去踏雪寻梅。试想，西溪的雪景，旷如无天，密如无地。走啊走，到处

2008 年 2 月 28 日，西溪首届梅花小姐评选，图为参评的国际旅游小姐赏梅西溪（陈江华摄）

2008 年 3 月，首届西溪梅花小姐得主（陈江华摄）

是白茫茫一片,无际无涯,真像是走到了地老天荒。如此苍茫中,忽然发现有数朵梅花傲立雪中,那种惊喜要比寻常看满树梅花大得多……在西溪千亩梅林中踏雪寻梅,那意境,又是西溪梅花所独有的。

探梅节的活动也是一年比一年丰富。白雪尚未融化,大红衣裳的新娘新郎就登场了。西溪湿地"还原"水乡婚庆,场面格外热闹。过去的西溪,因河港交叉,无船不达,形成了独特的西溪民间婚俗。新郎是划着"船轿"迎娶新娘的。即把花轿放在前船舱,划到新娘家。抬下花轿迎进新娘,再划回新郎家。到家时直接从船上把花轿抬到堂前,拜堂成亲。

看完新郎新娘,肚子也饿了。赶紧到河渚街去,浓郁的香味已经飘过来了:棉花糖、年糕、豆腐花、豆浆、糕团、点心、西溪特色农家菜等等。广场上有打年糕、写春联、画扇子、编花篮、踩高跷、拳船、葫芦丝表演。如果你手痒痒,还能去撒网捕鱼,当一回渔夫……

经过几年的摸索、探究,西溪管委会总结出西溪12项赏梅活动,分别是:

1. 踏雪探梅;2. 泛舟寻梅;3. 春坡赏梅;4. 初夏尝梅;5. 人家访梅;6. 亭檐卧梅;7. 溪桥吟梅;8. 竹林问梅;9. 书斋说梅;10. 击棹唱梅;11. 溪墅梦梅;12. 草堂忆梅。

梅,梅,梅……在西溪的幽渺大自然中,在西溪的茅草廊檐下,斑驳的是历史,鲜活的是现在。看到梅之姿,闻到梅之香,听到梅之语,我想,在西溪湿地访梅花,访的其实是古往今来人们心中的一方净土吧!

(本节执笔人:许丽虹)

第三节　一代梅师陆九畴

梅花因其高洁自古便是文人墨客、丹青妙手题咏的主题，清人花湛露诗云："坚贞一片不可转，此是江南第一枝。"然而梅花虽好，却不是寻常庸手所能为，朱方蔼论及画梅以为"画梅须高人，非人梅则俗"。傅懒园《画梅辩难》一书亦云："暗香浮动，暗可画而香不可画。然花未开时，固无香气，盛开后，香气亦衰，其香唯在半开时为最盛。盖半开时花瓣花心一一向上，唯向上则浮动，浮动则香盛。能于此中着笔，不画香而香自在……"可见画梅须是梅性情，方能画其风骨，写其芬芳。

陆九畴先生

杭州留下镇有一位九十七岁高龄的画梅老人陆九畴，一生与梅结缘，六十载画梅不辍，被称为"一代梅师"，他以梅花的品格自励，以"以艺报国"的精神画梅，画作跨两岸，梅香满西湖。

一、从艺道路

陆九畴先生，生于1912年，字亚洲，浙江富阳新登人，1933年毕业于浙江地方自治专修学校，现为国家一级画师，浙江省文史研究馆馆员。陆先生出身书香世家，自幼喜好书画，由于家中一位亲戚好画梅花，经常把画好的梅花图悬挂于厅堂书房，因此陆先生习练国画之初，就对梅花有所偏好。十二岁时,受业于画梅名家王显卿先生,学习山水花卉绘画。早在美术启蒙教育时期,梅花就深刻影响了陆先生的艺术兴趣。

陆先生受早年影响,更是感于梅花含霜茹冰之精神,顶风傲雪唤春来之风格,象征着中华民族高贵品格,遂以画梅表达自己的爱国之情,以梅花风骨自励。从二十世纪七十年代定居杭州起，他开始以梅花为主题的国画创作。为了在绘画技法方面更加成熟，古稀之年的他拜前国立西湖艺专校长汪日章先生为师,研习画梅,兼攻山水指墨。

陆先生的山水画先临摹清初的王时敏、王鉴、王翚、王原祁等“四王”画派,习练其技法的同时广求名家指点,留意名山秀水,在山水画方面渐有个人风格,用笔苍劲,俊秀挺拔,用色浓淡相宜,清新明快。而在画梅方面,陆先生师承分水画梅名家王显卿;之后临摹宋、元、明、清各代名家作品,尤对明代画家徐渭、刘师儒,清代画家李方膺、赵之谦四家揣摩最力、用功最多。为能画出梅花风韵，陆先生在灵峰梅区长期写生，以求实的态度观摩梅花生态。从主干拔地而起,到枝叶发育、结朵、半开花,到最后喷出芳香的全部形态生长过程,使笔下梅花写实存真,观者在欣赏画作时能体会“梅花香自苦寒来”的真谛。

中国传统画梅,以展现梅花孤傲为上,宋元多以疏梅构图,以显其峭拔;现代绘画则反其道而行之,为反对孤芳自赏和萧条肃杀的画风,而简单追求画面上的繁荣和热闹,反把画面的联想与思考让位于繁杂,梅花的特征和特色因此失落，缺少了中国梅花的特征。陆先生一变昔人画梅取其孤冷疏淡的情趣,而继承元代画家王冕画梅浓墨重彩、枝劲花繁的风格,所绘梅花一派欣欣向荣、兴旺蓬勃的气势,疏落有致而不见萧条,满枝繁花却无挤压之感;在技法上,讲究主干枝条一气挥就,墨色浓淡尽在一笔之中,且在干枝上不拘泥前人用点,而独到地使用短刺形,故其笔下梅花苍劲而更具神韵,浑厚而风骨凛然。陆先生的梅花作品刚劲挺拔,风骨凛然;又能从传统中提炼新意,赋予时代气息。这是在继承中国文人画传统中的发展和创新。汪日章先生评价《二梅图》:“红梅老干新枝,刚劲有力,梅花已开未开,都安排恰到好处,看后欣赏开怀,是逸品、神品,非一般所能及也。”

二、艺术报国

陆先生爱梅画梅,是以艺术表达爱国之情,是以行动实践“以艺报国”。

1981年,叶剑英委员长发表谈话,倡议国共两党实现第三次合作,共同完成祖国和平统一大业,身为民革党员的陆先生感到自己当为此出一份力,“纵不能像往昔抗日战争时期那样执干戈以卫社稷,今也当不以老迈,尚可‘以艺报国’”,遂拿起画笔,以红白二梅、隔水交辉为主题,创作了《二梅合局图》。其寓意以红梅代表共产党,以白梅代表国民党,隔水交辉,合成一局。该图后报请时任中共浙江省委统战部副部长的戴盟同志审核,戴盟遂题词“花开红白,都是梅花同一脉;瑞雪盈门,铁骨冰姿不染尘;连枝同理,并肩骈立如兄弟;含笑迎春,展望前程万象新”,表示赞许。

1985年春,邓小平同志提出“一国两制”实现和平统一祖国构想后,陆九畴先生遂在红白二梅的基础上,在原作《二梅图》上加画一轮明月,象征在“一个中国”前提下,实现一国两制、和平统一,并题诗“二梅合局笔生辉,十亿神州口皆碑;喜看今朝盛世业,待开两岸三度梅”。1985年7月,民革中央“一国两制”理论研讨会在杭州举行时,这幅《二梅图》向大会展出,博得与会人士的一致好评。全国政协委员毛翼虎先生为此著文作诗,大为推荐,文曰:“武林陆九畴兄,诗书画三绝”,“画事更勤,以其笔力苍劲,浓淡相宜,深厚质朴,独具匠心”。诗云:“小幅缥湘上画叉,暗香疏影爱横斜;多君赠我春消息,永爇心香颂国葩。”此画在香港与正风文艺院院长史正中作品联展时,备受港人赞赏。史正中称赞《二梅图》:“气韵生动,若有神力,真乃大家之风也。苟非精通六法,曷克臻此!”1986年10月,奉化、杭州两地民革举行纪念孙中山先生诞辰一百二十周年书画展,各展均有陆先生大幅《二梅图》。奉化书画展后,《二梅图》又被移悬于溪口蒋经国旧居小洋房达半年之久,经常有台胞出入观赏,在台胞中影响深远。1993年4月17日,《二梅图》在《人民日报》(海外版)发表后,更引起极大反响。随后,《浙江日报》、《福建日报》、《辽宁日报》等十余种报刊和浙江电视台、浙江广播电台均专访报道,盛赞《二梅图》是思想性与艺术性相结合的最好体现。在当时两岸文化交流尚不通畅的条件下,《二梅图》成为两岸传递情感的一个载体。2003年3月,全国人大常委会副委员长、民革中央主席何鲁丽在给作者签名信中对《二梅图》作了“表达了您拥护和平统一、一国两制基本方针和对祖国统一的愿望。您在耄耋之年关心祖国统一大业,可敬!”这番赞誉。

陆九畴《二梅图》

陆九畴先生的《二梅图》创作紧跟时代,并随着时代主题的发展得到不断完善,在不同时期赋予作品新的时代特征。1989年在福建举办的画展上,陆先生为《二梅图》题诗云:“红白花色殊, 渊源一脉同;人天成隔岸,兄弟痛分丛;耐雪冻终解, 迎春香正浓;为看联秀萼,翰墨写初衷”表达渴望祖国统一大业早日实现的心声。1997年7月,陆先生在庆祝香港回归的日子里举办第四次个人画展,专门绘制不少没有一水相隔的《二梅图》,其中有一幅画上题诗是:“我画二梅情独钟,国存两制奏丰功;香江得有珠还日,勋业巍巍忆邓公。”画与诗受到了参观者的好评。

由于《二梅图》一展出就受到人们的喜爱,各省、市、县

各界收藏者络绎不绝。对此，陆先生总是有求必应，坚持认真作画、绝不敷衍的态度，认真完成每一幅作品。在基本构图(二梅一月)不变的情况下，绘制大量《二梅图》，分送海内外友人，表白自己对于"待开两岸三度梅"的期盼。难能可贵的是，虽然都是《二梅图》，但是千余幅画作却幅幅不同。有的两株梅花一前一后，以平面水流衬托山水为背景；有的画山势陡峭，水流湍急；有的画瀑布直泻千里；有红梅白梅骈在一起的；有墨梅点点疏影横斜的……天空中一轮明月，清光洒在暗香浮动的两株梅间，其意十分明确——我们的祖国，终究会在"一国两制"的基础上和平统一。

海峡对岸蒋纬国先生，生前酷爱梅花，他曾总结梅花精神为"先木而春，含苞吐芬——具领袖群伦精神；花先于叶，傲然挺立——具自立自强精神；花不朝天，节比倾生——具维护道统精神；暗香扑鼻，清幽宜人——具雅逸坚贞精神；傲霜励雪，寒而愈香——具坚忍不拔精神；疏影横斜，错落有致——具互助团结精神；千年不朽，愈久愈发——具老而弥坚精神；枯木能春，生机盎然——具不屈不挠精神；合木人母，表梅哲性——具文化基本精神；我爱梅花，更爱中华——具民族统一精神"，他赞扬梅花"耐得寒霜、贞洁高雅之特质，以及吾中国人行健不息"之精神。蒋纬国先生致力于梅花推广运动，以"弘中道、尊民主、励坚贞、主和平"为宗旨成立梅花学会，并担任梅花学会的会长。他在寄给友人的贺年卡中亲题"我爱梅花，更爱中华"，充分表达了他对梅花的酷爱之情。1993年12月，蒋纬国先生因心脏血管破裂，生命垂危，事经报章转载，与蒋先生交情笃深的江圣帆先生求助于陆九畴先生赠画，陆先生欣然应允。因早先蒋纬国先生有过"我爱梅花，更爱中华"之语，为此陆先生决定画梅致慰，遂作《岁寒报春图》托友人辗转赠与蒋纬国先生，祝他病除回春，早日康复。蒋纬国先生在收到陆先生的赠画后即亲笔回函致谢："陆先生画梅，大气磅礴，八十以上高龄，犹有此气魄与笔力，深为难得，并此道谢"。1997年陆先生又画一幅《二梅图》相赠，蒋纬国先生又作一幅"弘扬中道文化，匡复华夏一统"的题词回赠陆先生，彼此传达了海峡两岸华夏儿女期盼祖国和平统一的心愿。1998年曾任梅花研究会的国民党元老陈立夫先生，以九十八岁高龄为陆先生题词"艺以弘道，其效益彰"，对他以梅花促进两岸交流，表示赞赏。

《二梅图》因其深刻内涵和高超的艺术造诣屡获殊荣:1994年宁夏书画院主办“国际书画微刻艺术大展”,《二梅图》获得最高荣誉奖;1996年北京海峡两岸文化交流协会和春常在书画院联合主办的“我爱中华山和水书画展览”,《二梅图》获得荣誉金奖;1997年4月,文化部社会文化司、港澳台文化事务司主办“迎接’97香港回归中国书画作品大展赛”上,《二梅图》荣获佳作奖;1999年4月,文化部所属中国艺术研究院主办庆祝建国五十周年、迎接澳门回归“社会主义文化艺术五十年研讨会”,《二梅图》荣获一等奖;1999年6月,北京九州书画院出版之《跨世纪中国艺坛奇才》,《二梅图》荣获国画入编金奖;1999年9月,“第五届国际书画作品展” 在北京中国当代美术馆举行,《二梅图》被评为美术金奖;1999年10月,东方书画协会、北京东方太阳文化艺术发展中心在北京大学文化中心主办的“中国老年书画家精品展”上,《二梅图》被评入选展出。

陆先生的《二梅图》还被柳亚子纪念馆、吕思勉故居、傅抱石公园、徐悲鸿教育基金会、吴昌硕纪念馆、江苏省常熟市黄仲则先生纪念馆、江西省新余市抱石公园、上海市黄埔军校同学会、浙江省文史研究馆、湖南省文史研究馆、四川省文史研究馆、新疆维吾尔自治区文史研究馆、中华人民共和国厦门海关、福建省宁德市颐兰斋、台湾张云汉先生、黄忠先生等机构和个人收藏。并分赠日本、美国等三十六个国家博物馆收藏,其事迹入编《世界名人录》、《世界书画家名录》、《浙江古今人物大辞典》等十余部典籍;作品入选《世界当代著名书画家真迹博览大典》、《中国美术选集》、《世界美术集》、《当代书画作品选》、《国际现代书画名家教授大画册》、《中国近现代书画选集》等十余部典籍。

曾经经历抗战烽火的陆先生，时刻铭记着那一段历史。陆先生曾将一幅《二梅图》送给上海杨浦区统战部,此画后在抗战名将谢晋元将军殉国六十周年时展出。为此,谢晋元将军之子谢继民将谢晋元将军遗照复制品赠给陆先生,表示感谢。2005年,时值纪念抗日战争胜利六十周年,陆先生题写“勿忘历史”,提醒人们牢记历史,

陆先生的书画艺术遵循“不以艺术而艺术,要以艺术来报国”的原则进行创作。从1983年至今共创作了5000多幅作品,其中红梅或二梅达3500幅以

上，赠送海外友人600多幅。陆先生说自己的梅花，虽在艺术上称不上是最高水平，但因为《二梅图》的思想性，才会得到社会高度的评价，艺术应该为时代服务，否则为艺术而艺术是没有生命力的。对于《二梅图》的艺术成就，陆先生表示："我的梅花画得并不好，'才拙愧难斗八叉'。但因梅花别样清佳，故而正如景元启一阕元散曲云'大都来梅花是我，我是梅花'，而我心中的二梅便是'一国两制，和平统一'，所以斗胆画了下去，一直画到现在。"

陆先生说自己心中的二梅就是"一国两制，和平统一"。如今，他仍然不放弃对国家、对时政的关心，因为只有跟上时代，反映时代，他的《二梅图》才会越开越美。

三、梅花品格

画梅人有梅精神，梅的品性高雅、纯洁、豪放。陆先生画的是梅花，画如其人，人又似梅，"愿借天风吹得远，家家门巷尽成春"的梅花风格就是陆先生的写照。陆先生个人生活清苦，鳏居陋室，粗茶淡饭，仅靠微薄的退休金生活；即便如此仍不改安贫乐道的精神，对于求画者大多有求必应，对社会公益事业无不积极参加。1985年夏天，陆先生在一起交通事故中大腿骨折，在杭州中医院治疗。当时，浙江联谊俱乐部发起为抢救丽水一病儿生命，举办书画义卖活动。陆先生闻讯，不顾天热，不顾伤痛，在医院病床上作梅花屏条四幅，所卖善款悉数捐赠给那位不相识的小朋友。1996年江苏东进书画院举办开发茅山革命老区扶贫书画义卖活动，他捐献画作。1998年12月特大洪涝灾害，陆先生在杭州、北京两地捐献了十余幅大画义卖赈灾，获中华收藏艺术精品赈灾义卖会颁发的荣誉证书。2006年4月有绘画两幅参加杭州市慈善总会组织的"爱在延续"拍卖活动，拍卖所得捐赠给学校助学。2007年9月29日再次参与该项活动，捐赠"二梅图"，一幅由杭州慈善总会公开拍卖，拍卖所得20万元捐赠给贫困学校助学。此外筹集亚运会基金、浙江教育基金、救残基金、奥运会基金等，他均有作品捐献。

为了使自己的艺术作品能够长久为社会所用，经过多年的深思熟虑，2000年，陆九畴先生将自己珍藏的465件个人档案悉数捐赠给浙江省档案馆收藏，包括国画51幅、书法作品25幅（其中有陈立夫先生题词1幅、蒋纬国书法1幅)、篆刻印章14枚、照片220张、书信84封(其中有蒋纬国先生书信1封)、笔记本6本、录音和录像带7盒、聘书证书30份、奖章2枚、签到簿2本、各种图书24本。对于无偿捐赠的动机,陆先生在捐赠仪式上吐出心声:“我之所以能获得多种奖励,除了自身的辛勤劳动外,首先归功于党的教育,荣誉属于人民, 属于社会主义祖国。我个人的成就都是在前辈功业的基础上得以发展的。我的作品,包括《二梅图》,及我个人艺术生平资料,若有一点保存价值的话,首先应该归属于国家,归属于人民。我常想,一个人要想保留自己一生的史料事迹和劳动成果,最理想的安放场所就是国家档案馆,只有这样,才能不致遗漏、散失,才能为后人所利用、借鉴、参考。”陆先生捐赠的个人档案,是他个人过去岁月的写照, 是他人生的历史记录。这些档案不仅极大地丰富了省档案馆的馆藏, 也为日后人们研究他的成长道路和我省文化艺术发展轨迹,提供了翔实的资料和实物。陆先生的行动,开创了浙江省艺术界名人捐赠档案的先例,是对浙江建设文化大省的支持。

至今孑然一身的陆先生已是九十七岁高龄, 如今出入必须依靠轮椅,日常起居都由侄女徐元花照顾。因为旧宅整修,又需要租住公寓,仅靠微薄退休金,其清苦可想而知;而白内障造成的视力模糊,又让这位每日画梅不止的老人,被迫放下了画笔。但是陆先生仍然精神矍铄,心情豁达,正如他的《寒梅图》上的题词“冷月寒梅晚更香”,晚年生活因画梅而充实。对于国家大事,特别是两岸关系,陆先生仍是十分留意,陆先生曾说“我在二十一世纪还要画下去,我的《二梅图》要一直画到祖国完全统一的那一天”,但是两岸关系却在“台独”分子的干扰下停滞不前。2008年得知马英九在台湾地区领导人选举中获胜后,陆先生对于两岸和平统一、国共两党再次合作又一次充满期待,“不知能不能看到两岸统一的那一天”。近日,陆先生从报章上得知两岸实现“三通”,欣然命笔作诗一首:“我画梅花情独钟,告知两岸弟与兄。相隔六十年不短,国共合作即三通。”可见,老先生对于两岸和平统一,是何等的期待。

“名利入云烟,丹青修身心,平生浇灌艺术花,只留清气在人间”,这是陆先生一生的写照,他的人生与梅结缘,梅的风骨亦渗透着他的人生,唯此才有《二梅图》,唯此才有画梅人。

(本节执笔人:魏峰)

第四节 “问讯风篁岭下梅”
——访龙井护梅人戚邦友

提起杭州龙井村，人们总会想到那闻名遐迩的龙井茶。然而，风篁岭下的龙井村里还有两株千年古梅，却鲜为人知。这两株古梅相传是北宋时辩才大师退居龙井寿圣院时所植。千年时间，沧海桑田。而这两株古梅独能历千年风霜之洗礼，至今暗香浮动，其中有多少故事，正期待着我们去发掘。就让我们沿着时间隧道，去探寻它悠远而非凡的历史吧。

一、风篁岭

龙井村位于风篁岭下的落晖坞。风篁岭得名很早。据《咸淳临安志》记载，风篁岭在钱塘门外放马场西，有路通向龙井。北宋元丰中，辩才法师退居龙井，因“修篁怪石，风韵萧爽”而名之。以此看来，风篁岭之得名是北宋元丰年间的事。辩才与苏东坡交游，结为方外之友。有一次，苏东坡去拜访辩才，辩才出龙井，送东坡至风篁岭上，因提起“远公不过虎溪”的典故，辩才笑着说：“杜子美(甫)不是说，‘与子成二老，往来亦风流’吗？”于是在风篁岭上修建了一个亭子，就命名为“过溪亭”，又称“二老亭”。苏东坡曾赋诗一首：“日月转双毂，古今同一丘。惟此鹤骨老，凛然不知秋。去住两无碍，人天争挽留。去如龙出山，雷雨卷潭湫。来如珠还浦，鱼鳖争骈头。此生暂寄寓，常恐名实浮。我比陶令愧，师为远公优。送我还过溪，溪水当逆流。聊使此山人，永记二老游。大千在掌握，宁有离别忧。”[1]遂留下一段佳话，传为美谈。清

① 苏轼：《辩才韵赋诗一首》，《东坡全集》卷一八。

朝乾隆皇帝六过杭州，也曾登上风篁岭。回到京城后，还念念不忘这里的美景，作诗以示怀念："试听细籁琅玕戛，何异风篁岭上闻"。[1]

北宋有个诗僧，曾作过一首《探梅》：

问讯风篁岭下梅，疏枝冷蕊未全开。

繁英待得浑如雪，霜晓无人我独来。[2]

诗僧法名道潜，号参寥子，有文集《参寥子集》十二卷传世。道潜精通内外典，能诗能文，与苏东坡也有交往。他本名昙潜，苏东坡替他改名为"道潜"。相传，道潜曾梦中得诗一首，其中有"寒食清明都过了，石泉槐火一时新"一句。过了七年，苏东坡来杭州做官，道潜也来到杭州，住于西湖智果禅院。寒食节第二日，苏东坡来参访道潜。道潜以甘甜清冽的泉水煮黄檗茶招待苏东坡，忽然想起七年前梦中所得诗句，正是印合了今日之事。遂将此事告诉了苏东坡，苏东坡听了非常感动，作文以记之，并刻之于石，其中有"伟哉参寥，弹指八极，退守斯泉，一谦四益，予晚闻道，梦幻是身，真即是梦，梦即是真"[3]之句，传之千古。

道潜的《探梅》诗也为古今之文人墨客吟唱了千年。从"问讯风篁岭下梅"之句，可以推想，风篁岭在宋代，必然是一个赏梅的好去处。至于"问讯风篁岭下梅"之"梅"是否就是龙井村中的那两株古梅，已不重要了。

二、宋广福院、辩才禅师与古梅

两株古梅在宋广福院中，传说是北宋时期的高僧辩才大师退居到这里所植。

广福院，又俗称龙井寺，千余年中，几经兴废，几度易名。《西湖游览志》、《武林梵志》等志书有着或详或略的记载。古寺始建于五代。五代后汉乾祐二年(949)，一个叫凌霄的人募资建寺，寺名就叫"报国看经院"。北宋熙宁(1068—1077)年间，又改寺额为"寿圣院"，寺额是苏东坡所书，可惜的是，此墨迹不知毁于何时。

---

① 《御制诗集·二集》卷六五。

② 道潜：《参寥子诗集》卷五。

③ 苏轼：《参寥泉铭并叙》卷九六。

寿圣院的辉煌是辩才大师成就的。辩才(1010—1091),俗姓徐,名无象,法名元净,出生于杭州於潜县。辩才十岁出家,以本县西菩寺僧人法雨为师。十六岁时,即受具足戒。十八岁那年,辩才辞别师父,离开西菩寺游方参学。他后来到达杭州上天竺寺,跟从慈云法师学习天台宗。经过几年的系统学习,辩才收获很多,成为慈云的得意弟子。不久,慈云圆寂,又从明智韶禅师学习。由于参访过许多名师,辩才的造诣日渐精深,在杭州一带的丛林中,名声也越来越响。在他二十五岁那年,宋神宗召见,特赐紫衣袈裟,并赐号“辩才”。此后辩才受杭州知州秦溱的邀请,任大悲宝阁院住持。在任住持的十年间,辩才除旧布新,严设纪律,宝阁院的风气为之一新。嘉祐八年(1063),辩才又受杭州知州沈遘之邀,入上天竺寺任住持。辩才来到这里后,整修庙宇,前来求学问道的僧俗两众,不绝于道,上天竺也因此成为杭州大丛林之一。辩才在上天竺寺做出了很大贡献,故而也被奉为“上天竺第三代祖师”。

元丰二年(1079),辩才禅师从天竺寺退居寿圣院。此时的寿圣院已经衰落了,庙宇破败,人迹罕至。四方信众闻辩才到来,欢欣雀跃,争相前来,捐钱出力,寿圣院整饬一新。“庐具像设,甓瓦金碧,咄嗟而就。”除大殿外,又新建过溪亭、方圆庵、潮音堂、寂室、照阁、归隐桥等建筑,并且在大殿前种下了两株腊梅。这些

宋广福院

辩才塔

新建之处，成为后来游人必到之处。辩才又善诗文，与苏东坡、秦少游、杨次公（名杰）等名士交游往来，互相唱和，令龙井寿圣院声名远扬。

元丰三年（1080），辩才邀请秦少游来寿圣院，游龙井，秦少游因作《游龙井寺记》。杨次公以寺院周围之胜景为名，作诗十三首，并刻石于寿圣院。据《西湖游览志》记载，这十三首诗的石刻，至迟在明代还可以看到，其咏《归隐桥》云："道人从此归，影不入廛市。端坐笑浮云，往来太多事。"元丰六年（1083），南山守一法师到龙井寿圣院拜访辩才。辩才在方圆庵接待。两个人谈古论今，十分投机。当时的大书法家米元章（名芾）作《龙井山方圆庵记》一文，并亲手书之，以示纪念。其文有"不居其功，不宿于名，乃辞其交游，去其弟子，而求于寂寞之滨，得龙井之居以隐焉"[①]之句，对辩才归隐龙井的高风亮节加以赞叹。

元丰七年（1084），曾任杭州知州的赵抃应辩才之请，来到寿圣院。辩才陪他在龙泓亭品茶。赵汴作诗《龙泓亭》以记之。这些诗文，字句优美，传诵千古，见证了寿圣院的辉煌。

辩才于元祐六年（1091）秋天圆寂，世寿八十一。苏东坡亲作祭文："虽大法师，自戒定通。律无持破，垢净皆空。讲无辩讷，事理皆融。如不动山，如常

① 吴之鲸：《武林梵志》卷三。

撞钟，如一月水，如万窍风。八十一年，生虽有终，遇物而应，施则无穷。”[①]弟子为辩才建塔于龙井，苏东坡命弟弟苏辙为其作塔铭，颂之曰：“辩才真法师，于教得禅那。口舌如澜翻，而不失道根。心湛如止水，得风辄粲然。以是于东南，普服禅教师。士女常奔走，金帛常围绕。师惟不取故，物来不得拒。道成数有尽，西方一瞬息。西方亦非实，要有真实处。”[②]辩才之塔大约毁于明中后期。2003年春，在茶园中发现了辩才塔的构件。为了纪念一代高僧，龙井景区又择地重修了辩才灵塔。

寿圣院，南宋绍兴三十一年(1161)又改成“广福院”。淳祐六年(1246)又改为“延恩衍庆寺”。此寺名一直保留至明清。衍庆寺至明朝弘治年间已破败不堪。至万历二十三年(1595)，一个叫孙隆的官员向各方募钱，在僧人真果的主持下重建了寺院。清朝康熙年间(1662—1722)，又有法号叫一泓的僧人募集资金对寺院进行了大规模的修整。到民国时期，寺己废毁。如今广福院只保留有一段连着寺门的山墙了。寺门正上方镶嵌着一块刻着“宋广福院”的石碑。据了解，这段山墙的建筑时代应是晚清或民国初年。而“宋广福院”四个大字亦不知是何人所题。如此看来，能代表广福院千年历史的，只有这两株宋梅了。

三、龙井村民“小辫儿”戚邦友、慧森师父与古梅

龙井广福院的这两株古梅至今依然枝繁叶茂，每年农历的十二月，古梅含苞待放，吐出沁人心脾的梅香。古梅之所以能历年而不朽，吐蕊飘香，也得力于龙井村村民戚邦友及其师父数十年如一日的照料。而戚邦友先生为什么对这两株古梅“情有独钟”?他与这两株古梅又有着怎样的不解之缘呢?这得先从戚邦友先生的师父说起。

戚先生的师父是一个传奇式人物，俗姓周，法号慧森，祖籍绍兴，据说其家族在当地颇有名望。戚先生回忆，慧森法师年轻时，曾经上过黄埔军校，做过国民党军官。后来不知有什么因缘，出了家，曾经担任过杭州大昭庆寺、净慈寺的主持，慧森法师退居之后来到龙井寺。至于慧森法师何时来龙井，戚

---

① 苏轼：《祭龙井辩才文》，《东坡全集》卷九一。

② 苏辙：《栾城后集》卷二四。

先生已记不得了，因为他一出生就做了慧森师父的寄名弟子，他的奶奶、妈妈很早就认识了慧森师父。龙井寺自清朝末年起就已经衰落了，寺僧大多游走他乡。慧森来到这里时，龙井寺也仅有三五僧人住在这里，读经种菜，过着自给自足的田园生活。解放后，龙井寺只剩下几间破旧的房屋，寺里的僧人也只有慧森一人了。慧森在龙井寺的周围开辟了一块菜地，独自固守着这个曾经辉煌的庙宇，过着日出而作的禅农式的生活。二十世纪五十年代，朱德委员长来到龙井村，参观周围茶园，游览广福院、胡公庙，慧森师父曾陪朱德一起品茶。“文化大革命”开始后，慧森法师与戚先生一起在龙井寺内养羊喂猪，守护着业已残破的寺院与那两株富有灵性的古梅。

戚先生说，慧森师父对他的影响很大。戚先生从小身体弱，为了好养活，依照民间的习俗，后脑勺留了一条小辫儿，并且认了师父，做了庙里的寄名弟子。这条小辫一直留到了十六岁。因此无论是师父还是村里人都叫他小辫儿，在龙井村，“小辫儿”叫得很响。戚先生生在龙井村，长在龙井村，对龙井村周围的一草一木都相当熟悉。他说，龙井村在改革开放三十年中，变化真大啊。二十世纪八十年代，龙井村开辟茶叶市场，使这里成为西湖龙井茶主产区。2002年起，每年春茶开摘，都举办龙井茶叶节，家家户户自摘自炒自卖，吸引大量游客前来游玩、品茶、买茶。戚先生是一个茶农，但他是一个对传统文化充满热情的茶农。自二十世纪八十年代始，他就留意龙井村周围文物的保护。他是龙井村一系列古迹保护的倡导者和践行者之一，是乾隆御茶园修复筹备组组长。

戚邦友和他保护的宋梅

说起那两株千年古梅，戚先生说，这两株古梅是有些灵性。他师父在世的时候就说这两株古梅是三十年一生长，三十年一衰落。戚先生小的时候，古梅正处于衰落期，没有抽枝发芽，只

有两堆宿根在泥土中。而慧森师父则精心照料着这两堆宿根。以佛家的眼光看来，青青翠竹，无非法身；郁郁黄花，莫非般若。万物皆有灵性，所以慧森法师像照料亲人一样照料这个不言不笑但又生机潜在的生命：冬天怕它们冷，就用草覆盖在上面，给它们当被子。夏天的时候，还要给它们浇浇水，松松土。师父不许别人踩踏这些灵苗，即使是顽劣孩童的无心的踩踏他也会严厉斥责。“师父是一个慈悲的老人，但要是我不小心踩到古梅的宿根，师父就会一反常态，变得非常严厉，不仅大声斥责，甚至用棍子敲我。”戚先生回忆起往事，仿佛师父还站在他的面前。慧森师父常常对戚先生说，“古梅再次发枝，我是看不到了，但你可以看到，你要好好照看这两棵古树啊！”正是师父的嘱托，使得戚先生对古梅之爱无怨无悔。

1963年，戚先生离开家乡，到南京从军。这一年，戚先生和慧森师父在两株蜡梅的中间种下一株含笑。戚先生想自己虽然暂时离开了这两株古梅，但有一株含笑陪着它们，日子会不太寂寞。师父说的“看不到古梅再次发枝”似乎真是一语成谶，1982年慧森师父走完了他的一生。在师父圆寂的时候，戚先生清楚地记得，古梅还没有抽枝发芽。师父虽然走了，但师父的嘱托却深深地印在戚先生的脑海里。戚先生像师父在的时候一样悉心照料着这尚未抽枝的古梅宿根，冬天给它们盖草取暖，夏天给它们浇水除草。而那株含笑不觉也已经陪着两株古梅度过了二十个春秋。就这样，日子在寒来暑往中过去了。大约是在二十世纪八十年代末，枯萎多年的千年古梅开始奇迹般地从地下的老根中抽出一丛新枝。戚先生很兴奋也很欣慰，因为他没有辜负师父的嘱托。几年之中，这两株古梅就变得枝繁叶茂，郁郁葱葱了。从此，每年农历的12月，满树金黄色的花朵迎雪绽放，梅香沁人，吸引着无数游客驻足观赏。千年古梅绽放新枝，此乃龙井村一盛事也。

但是，这个时候，戚先生又碰到了烦心事，古梅的生存条件不容乐观。就在离古梅不到一米的地方，有一段快坍塌的危墙。如果此墙一倒，就会完全压在这两株古梅上。另外，因为古梅的灵异与美丽，时常有村民偷偷来挖一两截梅枝带回家中。这虽然使得古梅可化身无数，但对这两株古梅的生长却是相当不利的。戚先生惦记着师父的嘱托，心里可真急呀。那几年，戚先生写报告，递申请，甚至通过报纸呼吁，《西湖报》上所刊登的一条新闻《墙

梅亭

倒庙破无人问津，千年古梅危在旦夕》，正是戚先生不断呼吁的结果。“千万次的呼唤”，这是报纸记者对戚先生护梅、爱梅的真实写照。功夫不负有心人，戚先生多年的奔走有了结果。从2000年起，政府投资对龙井村周围的景区进行整体规划改造，两株古梅也得到了妥善的保护。梅树周围用石栏杆围护，上刻篆书“宋梅”二字，树旁立一小石碑，上刻：古树名木。古梅旁边又建了一个小亭子，名“梅亭”。而那株陪着古梅走过四十余年的含笑也从古梅中间迁移出来。这株含笑不正是戚先生的象征吗，在那风风雨雨的年代里，这株含笑默默守候着两株古梅；而当这两株古梅枝繁叶茂的时候，含笑选择了飘然离开。

如今，戚先生还经常来古梅下走走，看看，捡捡树下的枯枝。他名片的背后印着这样的字句：“龙井村牌坊下第一家；胡公庙、老龙井、寿圣寺、宋广福院千年古迹的保护人；乾隆御茶园修复筹备组组长；十八棵御茶管理员；研究探索龙井茶文化历史文明碎片的拾荒者”。“龙井茶文化历史文明碎片的拾荒者”这是戚先生的自我写照。正因为有着戚先生、慧森师父他们这些平凡的护梅、爱梅人，千年古梅才能永葆青春。

这，也许正是我们民族古老文化的根吧。

（本节执笔人：李辉）

后记

杭州人对梅花有着极为深厚的感情,历代种梅、赏梅、咏梅、画梅的人很多,流传下来的故事也不少,但还没有一部系统讲述西湖梅花历史和爱梅人故事的著作问世,这不能不说是一个遗憾。

自改革开放以来,西湖梅花获得了前所未有的发展,尤其是近年来随着西溪湿地综合保护工程第一、二期的完工,作为西溪湿地最具特色的传统景观之一的西溪梅花获得了再生。这不但是西溪历史上的一件大事,也是西湖梅花发展史上的一件大事。它标志着孤山、灵峰、西溪这三大西湖赏梅胜地并盛局面的确立, 西湖梅花进入了全盛时期。这种并盛局面是历史上的首次,因此具有里程碑的意义。此时回顾西湖梅花的历史,讲述西湖梅花背后的感人故事,宣传梅花精神,是一件十分有意义的事情。

本书由杭州市西湖区政协组织编写,并得到了省、市领导,西湖区委、区政府以及杭州市社会科学院的大力支持。根据编纂宗旨,西湖区政协文史委组织本书编委会成员对书稿篇目进行了多次讨论修改, 确定了本书的提纲和主要章节。杭州市社会科学院安排南宋史研究中心尹晓宁、魏峰、李辉以及许丽虹四位同志具体负责撰写和图片的收集工作。这四位同志各自承担着繁重的日常工作,他们利用业余时间认真完成了各自的采访和撰写任务。其中第一至第四章由尹晓宁撰写,第五章的前两节由许丽虹撰写,第五章的第三、第四节分别由魏峰和李辉撰写。

在写作过程中,西湖博物馆、西湖区地方志办公室为资料的收集提供了很多方便，肖剑忠、俞影、何惠芬、俞宸亭等同志也为书稿的完成付出了辛勤的汗水。本书初稿完成后，王其煌和顾志兴两位老先生为本书提出了很多有益的修改建议，并提供了很多宝贵资料。杭州历史博物馆的洪丽娅、西湖区委统战部的陈江华同志也为本书提供了珍贵图片和照片。在此，我们向以上参与这部书撰写的同志表示衷心的感谢！

由于时间仓促，书中难免有疏漏甚至错误之处，敬请方家指正。

编者

2008年12月